甘油二酯油与人体健康

Diacylglycerol Enriched Oil and the Human Health

DIACYL-
GLYCEROL
ENRICHED
OIL

张 震 主编

中国轻工业出版社

图书在版编目（CIP）数据

甘油二酯油与人体健康 / 张震主编. —北京：中国轻工业出版社，2023.11

ISBN 978-7-5184-4428-1

Ⅰ.①甘… Ⅱ.①张… Ⅲ.①甘油酯—关系—健康 Ⅳ.①Q54

中国国家版本馆CIP数据核字（2023）第094608号

责任编辑：马　妍

文字编辑：武艺雪　　责任终审：白　洁　　整体设计：锋尚设计

策划编辑：马　妍　　责任校对：吴大朋　　责任监印：张京华

出版发行：中国轻工业出版社（北京东长安街6号，邮编：100740）

印　　刷：艺堂印刷（天津）有限公司

经　　销：各地新华书店

版　　次：2023年11月第1版第4次印刷

开　　本：787×1092　1/16　印张：6.5

字　　数：108千字

书　　号：ISBN 978-7-5184-4428-1　定价：88.00元

邮购电话：010-65241695

发行电话：010-85119835　传真：85113293

网　　址：http://www.chlip.com.cn

Email：club@chlip.com.cn

如发现图书残缺请与我社邮购联系调换

231966K1C104ZBW

专家顾问委员会

本书编写人员

主　编　张　震　暨南大学

副主编　邹　硕　暨南大学

陈　凯　广东善百年特医食品有限公司

李光辉　暨南大学

陈　静　暨南大学

参编人员（按姓氏拼音排列）

陈德初　暨南大学

陈佳子　暨南大学

黄琦琦　暨南大学

李佳龙　暨南大学

李紫薇　暨南大学

刘　鑫　暨南大学

刘忠博　暨南大学

毛逸霖　暨南大学

余雅思　暨南大学

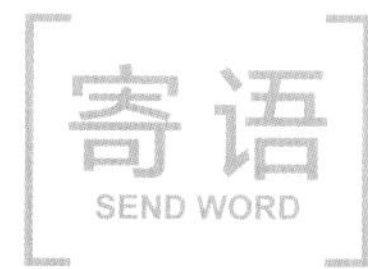

没有全民健康，就没有全面小康。食用油关系着14亿中国人的餐桌与营养，也关系着中国人的健康与寿命。长期以来，氢化植物油中的反式脂肪酸问题，过量摄入饱和脂肪的问题，过量摄入亚油酸的问题，这些都威胁着我国的国民健康。如何提升中国人食用油的健康属性？如何让14亿中国人少吃油、吃好油？如何为我们的健康加油？希望本书能够帮助到大家。

甘油二酯油作为一种新兴油脂，在20世纪80～90年代，开始在日本、欧美国家出现，科研人员对甘油二酯油做了大量临床研究，发现它对于缓解肥胖、高血压、高血脂、高血糖症状都有一定效果，对改善国民健康有着重要意义。

伴随中国食品科技事业的发展，我国科研人员成功攻克了甘油二酯油的生产技术，并独创性地使用生物酶方法获得二酯油，在技术上超越了使用化学法生产甘油二酯油的日本和欧美国家，这项专利技术已获得国家科学技术进步二等奖，并成功实现产业化，走上中国人的餐桌。中国甘油二酯食用油的成功推出，意味着我国新一代健康食用油科研成果走在了世界的前列。

本书邀请来自北京大学、中国农业大学、清华大学附属北京清华长庚医院、解放军总医院、北京大学第一医院、北京大学第三医院、暨南大学、北京联合大学等单位的诸多专家，为读者解读甘油二酯油。

少一酯，更健康。希望甘油二酯油，能为中国人的健康加油助力！

原国家卫生部副部长

中国保健协会名誉理事长、中国卫生监督协会原会长

甘油二酯，
为食用油健康迭代指明方向

脂肪作为食品中的三大营养素之一，关系着每个人的生活与健康。传统食用油脂中通常98%左右为甘油三酯，含有极少量其他成分，甘油二酯就是其中重要的微量成分。

与甘油三酯不同，甘油二酯属于燃烧型脂肪，又被称为“脂肪炸弹”，当其进入人体后，可以迅速在体内代谢，不易囤积为体内脂肪，可以防止肝脏脂质浓度的增加，达到预防和改善肥胖及心脑血管疾病等目的，从根源上改善多种代谢类疾病。而且，甘油二酯油对胆汁酸的分泌有抑制作用，可用于预防腹泻。

30多年来，全球大量科学团队对甘油二酯及甘油二酯油进行了深入的科学研究和大量临床试验，对其健康价值进行了充分论述和验证，基于甘油二酯特性和健康价值，甘油二酯油也被认为是未来食用油健康迭代的重要方向。

本书的第一章食用油，介绍食用油脂的主要组成、来源，中国居民食用油发展现状、主要问题及相关建议；第二章甘油二酯，详细介绍甘油二酯的来源及结构，甘油二酯油的用途、研发与应用现状；第三章甘油二酯在食品中的应用，呈现甘油二酯在食用油、蛋黄酱、冰淇淋等食品中的应用；第四章甘油二酯油功效研究进展，从营养的角度介绍了甘油二酯在降低体脂水平、防止动脉血栓形成、调节胆固醇含量等方面如何发挥作用，及相关适应人群；附录中还有多位高校和医院的专家从专业角度，对甘油二酯油进行深入探讨和解读。

本书由暨南大学“油料生物炼制与营养创新团队”的教师、博士和研究生，与广东善百年特医食品有限公司等共同编写完成，编写分工如下：第一章由李光辉、邹硕、黄琦琦、李佳龙、李紫薇、刘鑫编写；第二章由邹硕、余雅思编写；第三章由陈德初编写；第四章由毛逸霖、陈静、陈佳子、刘忠博编写；附录由孙树侠、王旭峰、翟凤英、左小霞、何计国、杨勤兵、钮文异、丽英、艾华、吕利、朱毅、姜慧、李伟编写。张震负责统稿，邹硕、陈凯负责校对。衷心感谢为本书编写、出版提供帮助的老师、同学以及出版社编辑、工作人员！

由于编者水平有限，书稿中难免存在错漏和不妥之处，衷心期盼读者反馈意见和建议，以便改正。

编者

2023年3月

目录 CONTENTS

PART 1 食用油

PART 2 甘油二酯

PART 3 甘油二酯在食品中的应用

PART 4 甘油二酯油功效研究进展

附录 专家说甘油二酯油

食用油

1 食用油定义

“柴米油盐”是老百姓生活中的必需品，食用油是烹调的重要配料，与菜肴的色香味形息息相关。油脂是一类天然有机化合物，根据《油脂化学》（毕艳兰，2023）一书所述，概念上油脂习惯被定义为脂肪酸甘油三酯的混合物。对于一般油脂来说，其98%左右成分为甘油三酯（Triacylglycerols），还含有极少量的其他成分（如油脂伴随物）及非甘油三酯，如单甘酯和甘油二酯等，这就导致油脂涵义本身的差异。英文文献中常用“油脂（脂肪）”和“脂质（类脂）”来命名，但含义不同，其英文分别为Oils and Fats和Lipids。中文中习惯用“油脂”这一术语。

国际食品法典委员会（CAC）曾对“食用油脂”有过较为全面的定义：食用油脂是主要由脂肪酸甘油三酯构成的食品，它们来源于植物、动物或海洋生物，可含有少量其他脂质，如部分甘油酯或磷脂、不皂化物成分和天然存在于油脂中的游离脂肪酸，其物理或化学改性过程包括分提、酯交换和加氢（CODEX STAN 256-2007）。此定义中的“食用油脂”实际上包括了油脂的一次与二次产品。

一次产品即由毛油精炼而得的各种等级的单品种食用油。随着油脂加工业生产工艺与设备的不断完善与提高，对一次产品进一步加工，即二次加工，成为常态，二次加工的主要方法有改性（氢化、分提和酯交换）和调制（调和、乳化、急冷捏合和均质）等。这些方法可以单独使用，也可以全部或部分组合地使用，由此得到的产品称为“食用油脂制品”，又称“食品专用油脂”，或油脂“二次产品”。国际食品法典委员会的油脂分类号与分类名称见表1-1。

表1-1　国际食品法典委员会的油脂分类号与分类名称

大类	亚类	次亚类
02.0 脂肪，油和脂肪乳化物	02.1 基本不含水的脂肪和油	02.1.1 黄油脂、无水乳脂、酥油 02.1.2 植物油脂 02.1.3 猪油、牛油、鱼油和其他动物脂肪

续表

大类	亚类	次亚类
02.0 脂肪，油和脂肪乳化物	02.2 主要为油包水型的脂肪乳化物	02.2.1 黄油 02.2.2 脂肪涂抹物、乳脂涂抹物和混合涂抹物
	02.3 水包油为主的脂肪乳化物，包括混合和/或调味的脂肪乳化物制品 02.4 脂基甜点，不包括类乳基甜点制品	

2 食用油主要组成

01 甘油三酯

食用油的主要化学成分是甘油三酯（Triacylglycerols），又称三酰甘油，是由甘油的三个羟基与三个脂肪酸分子酯化生成的酯类物质。植物性甘油三酯在常温下多呈液态，称为油，动物性甘油三酯在常温下多呈固态，称为脂，二者统称为油脂。油脂主要是由甘油三酯构成的混合物，其甘油三酯的脂肪酸种类、碳链长度、不饱和度及几何构型对油脂的性质起着重要作用，同时，脂肪酸在甘油三酯的位置分布对油脂的理化和营养性质也有很大影响。甘油三酯的结构式如图1-1所示。

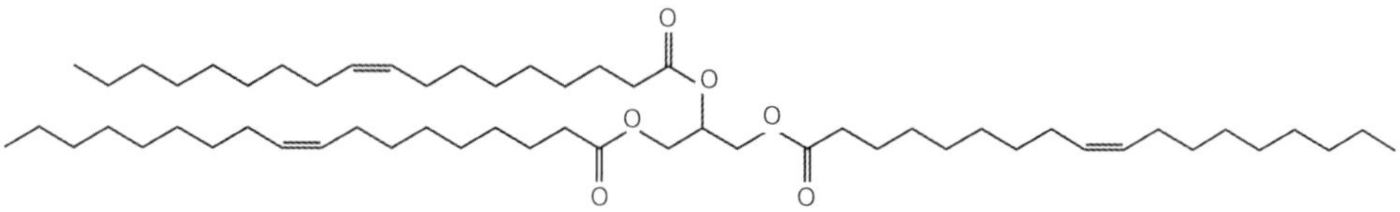

图1-1　甘油三酯结构

食物中的脂肪基本上都是甘油三酯，摄入后90%由肠道吸收，甘油三酯的主要生理功能是为机体提供能量和必需脂肪酸。1克甘油三酯在体内完全氧化所产生的能量约为37.6千焦（9千卡），比等量糖类和蛋白质产生的能量多出1倍以上。甘油三酯来源于天然产品，也可以被合成制备。在天然产品中，酰基通常是不同脂肪酸残基的混合物。一些天然产生的甘油三酯是有价值的商业产品。例如，来源于棕榈的甘油三酯油在食品工业中被广泛应用；来源于鱼的甘油三酯油在健康补充品中被应用。甘油三酯广泛应用于多种食品的配制和加工，既可用于溶解并赋予食品以特有的滋味、气味及颜色，促进食欲，降低微生物和卵磷脂等亲油性食品配料的黏性，还可作为增稠剂用于饮料中或者用作香肠压膜的润滑剂和脱模剂。

02 脂肪酸

脂肪酸是由碳氢组成的烃类基团连接羧基所构成的一类羧酸化合物，是中性脂肪、磷脂和糖脂的主要成分。脂肪酸最初是油脂水解得到的，具有酸性，因此而得名。天然油脂中含有80种以上的脂肪酸。

根据碳链长度的不同，可将脂肪酸分为：短链脂肪酸（碳链上的碳原子数小于6）、中链脂肪酸（碳链上碳原子数为6～12）和长链脂肪酸（碳链上碳原子数大于12）。一般食物所含的大多是长链脂肪酸。根据碳氢链饱和与不饱和，可将脂肪酸分为3类，即饱和脂肪酸（烃类基团全由单键构成），单不饱和脂肪酸（烃类基团包含1个碳碳双键）和多不饱和脂肪酸（烃类基团包含2个或2个以上碳碳双键）。富含单不饱和脂肪酸和多不饱和脂肪酸的脂肪在室温下呈液态，大多为植物油，如花生油、玉米油、大豆油、坚果油、菜籽油等。而富含饱和脂肪酸的脂肪在室温下呈固态，多为动物脂，如牛油、羊油、猪油等。但也有例外，如深海鱼油是动物脂，但它富含多不饱和脂肪酸，如二十碳五烯酸（EA）和二十二碳六烯酸（DHA），因而在室温下呈液态。

03 脂肪伴随物

脂肪伴随物是指伴随在油脂中的非甘油三酯成分，是油料中除脂肪以外的溶于脂肪溶剂的天然化合物的总称，这些物质在制油过程中伴随着脂肪一起从油料细胞中萃取出来。脂肪伴随物的种类和含量与油脂的品种和精炼程度有关，同一品种的油，精制程度越高，油脂伴随物含量往往越低。精制油中的脂肪伴随物含量一般不到1%。同时，并非所有油脂伴随物都对健康有益，但其中很大一部分是有益的，又称为营养伴随物。

脂肪伴随物包括类脂物和非类脂物。类脂物是广泛存在于生物组织中的天然大分子有机化合物，常见的类脂物包括磷脂（Phospholipid）、糖脂（Glycolipid）、硫脂（Sulfolipid）、固醇（Sterol）等，它们在物理特性方面与油脂类似，因此称为类脂化合物。通常它们都具有很长的碳链，但结构中其他部分的差异较大。它们均可溶于乙醚、氯仿、石油醚、苯等非极性溶剂，不溶于水。非类脂物主要包括脂溶性维生素、色素、蜡、角鲨烯和萜烯等。

3 食用油来源

油料按照生物来源可以分成植物源油料与动物源油料。动物脂肪是通过提炼或萃取哺乳动物、家禽和鱼等动物获得，主要有猪油、牛油、家禽油和鱼油等。植物油脂由油料作物种子经压榨和浸出等工艺制得，包括大豆油、菜籽油、棉籽油、花生油、米糠油、玉米油、葵花籽油、亚麻籽油等。植物油脂产量约占油脂总产量的70%，其中食用油约占80%，非食用油约占20%。下面分别对市场常见动物油脂及植物油脂进行概述。

01 动物来源食用油

在人类历史上，由于狩猎早于农耕，人类利用动物油脂要早于植物油。现代畜牧业发达，在获得动物肉和乳时，也会从中制取动物性油脂和乳脂，常见的动物油脂主要包括黄油、猪油、牛油、鸡油、鸭油等。

动物性油脂在室温下一般呈固态，它是食用油脂的重要组成部分，具有独特的风味。目前，动物性油脂已被广泛应用于食品加工行业、日化行业，如油炸方便面、速冻食品、起酥糕点、肥皂等的生产加工之中。

但是由于动物性油脂饱和脂肪酸含量较高（深海鱼油等少数动物油除外，它含有较多的多不饱和脂肪酸），过多摄入饱和脂肪酸容易引发高血压、动脉粥样硬化、冠心病、高脂血症及脑血管疾病，不利于人体健康。且日常饮食中，即使在不选用动物性油脂作烹调油的前提下，饱和脂肪酸摄入量都很容易超标，因此，要适当控制动物性油脂的摄入量，平衡饱和脂肪酸和不饱和脂肪酸的食用比例，健康、科学地摄入油脂。

02 植物来源食用油

在我国居民的日常膳食组成中，食用植物油是不可缺少的一部分；食用植物油富含不饱和脂肪酸，且含有植物甾醇、多酚、类胡萝卜素和维生素E等营养成分。食用植物油不仅能够提供满足人体生长需求的营养物质，并在食物的烹调过程中改善其风味及感官性质。与食用动物油相比，食用植物油能够提供更多的不饱和脂肪酸和必需脂肪酸。我国常见的膳食用油有大豆油、棕榈油、菜籽油、花生油、葵花籽油、玉米油和橄榄油等。

大豆油：大豆油富含亚油酸（49%~59%）和α-亚麻酸（5%~11%）等人体必需脂肪酸，同时也富含维生素E，营养价值很高。目前，通过转基因育种方式可以获得低亚麻酸、高油酸含量的大豆品种。大豆油是主要的烹调油脂之一，同时也广泛应用于食品加工，大量的大豆油作为液态油脂应用于食品专用油脂，如人造奶油、酱料油脂和涂抹脂等。一部分大豆油还会用在化工领域等非食用领域。

棕榈油：棕榈油一般是指从棕榈果肉中提取的油脂，脂肪酸组成和棕榈仁油不同。棕榈油的饱和脂肪酸超过40%，而棕榈仁油中富含月桂酸，与椰子油类似。棕榈油中的类胡萝卜素、甾醇、生育酚等次要成分提高了棕榈油氧化稳定性，同时增加了其营养价值，也对棕榈油的精炼加工产生相当重要的影响。未精炼的棕榈原油，含有类胡萝卜素，呈现红棕色。如今，棕榈油是人造奶油和起酥油等食品专用油脂的主要油脂基料，而棕榈仁油是代可可脂的重要原料。

菜籽油：菜籽油是我国传统食用植物油，在宋代已经开始大量食用，是我国三大食用油之一。菜籽油中的饱和脂肪酸含量低，单不饱和脂肪酸油酸含量8.0%～60.0%，含有多不饱和脂肪酸亚油酸（11.0%～23.0%）和亚麻酸（5.0%～13.0%），也含有菜籽甾醇、菜油甾醇和豆甾醇等植物甾醇及维生素E。一级、二级菜籽油烟点为205～215℃，适合煎炸烹炒。菜籽油是半干性油，多不饱和脂肪酸含量并不很高，氧化稳定性较好。

花生油：花生油香气浓郁，主要用作烹饪油，还可制备起酥油、人造奶油和蛋黄酱。我国花生果的产量居世界首位，同时我国也是世界第一大花生消费国。2020年度我国进口花生仁76.5万吨，进口花生果32万吨，进口花生油27万吨，仁和油折果后总计花生果进口量为230.39万吨，创历史新高。进口花生主要用于生产饲料和食用油。花生油不饱和脂肪酸约占80%，其中单不饱和脂肪酸油酸含量为35.0%～67.0%，多不饱和脂肪酸亚油酸含量为13.0%～43.0%，不含或含少量亚麻酸。花生酸是花生油特有的成分。花生油有浓郁的花生风味，压榨花生油烟点约160℃，精炼花生油烟点230℃左右。花生油在低温下易产生凝固现象，这是因为花生油中含有一定量长链饱和脂肪酸，熔点较高，气温较低时便会凝固，并非花生油的质量问题。

玉米油：又称粟米油、玉米胚芽油。玉米胚芽脂肪含量为17%～45%，大约占玉米脂肪总含量的80%以上。玉米油中的脂肪酸特点是不饱和脂肪酸含量高达80%～85%。脂肪酸组成与葵花籽油类似，单不饱和脂肪酸和多不饱和脂肪酸的比例约为1∶2.5。玉米油中维生素E含量丰富，有抗氧化作用。玉米油色泽金亮透明，具有玉米独特的香气，适合烹炒和煎炸。在高温煎炸时，稳定性很高，不仅能使油炸的食品香脆可口，而且能保持菜品原有的色、香、味，不破坏食品中原有的营养物质，也不易氧化变质。

葵花籽油：在全球主要植物油产量中，葵花籽油仅次于棕榈油、大豆油和菜籽油，排名第四。葵花籽是向日葵果实，原产于北美，是当地土著人高能量食物的来源，后来逐渐传入欧洲和亚洲，乃至全世界。葵花籽油不饱和脂肪酸含量达85%以上，是为数不多的富含ω-6多不饱和脂肪酸亚油酸的油脂之一，亚油酸含量48.3%~74.0%，单不饱和脂肪酸油酸含量14.0%~39.4%，不含或者含少量ω-3多不饱和脂肪酸亚麻酸。葵花籽油有特殊气味，精炼后可去除。适合温度不高的炖炒，但不宜单独用于煎炸食品。葵花籽油富含维生素E，氧化稳定性好。

橄榄油：橄榄油的脂肪酸组成较为简单，油酸含量最高（55%~83%）。橄榄油的非甘油三酯成分则比较复杂，其中角鲨烯含量高达700毫克/100克，这也是橄榄油氧化稳定性好的原因。另外，橄榄油还含有β-胡萝卜素，生育酚以及酪醇、羟基酪醇等酚类抗氧化剂，但橄榄油含有的微量叶绿素和脱镁叶绿素，对储藏不利。初榨橄榄油的营养价值最高，后续再次压榨的橄榄油品质不如初榨油，有时还需要精炼，而从饼粕中溶剂提取的残油质量最差，精炼后也可以食用。

沙棘油：从天然植物沙棘的果实中提取出来的天然油脂。沙棘果的含油量在1.4%~13.7%。沙棘油含有71.2%~76.0%的不饱和脂肪酸，其中亚油酸（35.6%~39.0%）占比最高，α-亚麻酸（27.8%~33.4%）含量次之。沙棘油中还含有其他多种生物活性成分，如维生素E、类胡萝卜素、甾醇等。这些活性成分赋予了沙棘油高附加值，为沙棘油功能产品的开发提供了可能。

元宝枫籽油：从元宝枫籽中提炼出的食用油。元宝枫籽油中的不饱和脂肪酸含量超过90%，神经酸含量超过5%。研究表明，神经酸可修复受损脑神经纤维和促进神经细胞再生，从而应用于预防阿尔兹海默症、脱髓鞘疾病等精神疾病。此外，元宝枫籽油含有丰富脂溶性维生素。脂溶性伴随物的存在不仅可以延长元宝枫籽油的保质期，而且对人体冠心病等也有重要的预防作用。

4 中国居民食用油发展现状

食用油是居民食物中不可缺少的一部分，具有改善食品色泽及风味等作用，同时也是人体所需脂肪和能量的重要来源，对人体健康发挥着重要作用。食用油消耗量是衡量一个国家城乡居民生活水平的重要标志之一。随着经济及生产技术的快速发展，我国食用油行业经历了由定量供应到充足供应的高速发展历程，最终走向过度消费阶段。

我国食用油行业起步较晚，在中华人民共和国成立初期，由于生产能力有限、人均收入低等情况，食用油行业发展缓慢，无法满足人民的日常需求。随着经济快速发展和人口快速增长，我国食用油总产量和人均消费量也逐年增长，同时，我国的食用油消费结构正处于快速转型的时期。目前，我国居民食用油的消耗以植物油为主，常见市售食用油有：大豆油、菜籽油、花生油、棉籽油、葵花籽油、芝麻油等。但随着人们健康饮食观念逐渐增强，越来越多的人开始关注食用油的营养价值，消费者对食用油需求也呈现出多样化趋势，大宗食用油在一定程度上已经难以满足消费者对口味、营养、健康的需求，一些新兴的特色食用油开始占据一定的市场份额，如橄榄油、亚麻籽油、山茶籽油、核桃油、稻米油等。

5 中国居民食用油消费的主要问题

近年来，中国粮油业得到了迅速发展，中国粮油无论是在数量或质量上都有了显著提高。人们对日常膳食中的高能量营养物的需求也大大增加，膳食条件也从吃不饱与营养不够，到吃太饱与营养过剩，这对于中国人来说将是一场关于健康的严峻挑战。此外，虽然中国居民的饮食习惯与条件相较于40年前已经有了显著改善，但是目前中国居民在食用油的选择与摄入方面还存在着一定问题，其中最主要的就是食用油摄入过量与食用油选择不合理的问题。

01 食用油摄入过量

在日常生活中，绝大多数食物都含有油脂，根据它们的存在方式，可以粗略地分为：看得见的油和看不见的油。看得见的油主要指烹调油、煎炸油等，能鉴别和计量的可食用油脂。看不见的油指没有从食物中分离出来，存在于肉、蛋、奶和豆制品中的油脂。计算中国居民每天的油脂摄入量，需要考虑看得见的油和看不见的油。中国粮油学会的数据显示，2021年中国居民人均年消费量为30.1千克，即人均每日的食用油达82.5克，远超过《中国居民膳食指南（2022）》中30克的推荐值上限。除了看得见的油外，居民每天吃粮食、肉、蛋、奶等食物，也摄入了一定量的看不见的油。所以我国居民目前的食用油摄入量已远超健康膳食推荐摄入量的限值。

02 食用油选择不合理

受地域饮食习惯影响，许多家庭长期食用同一种类的植物油，各种油的脂肪酸构成不同，营养特点和使用性能各不相同，长期食用单一油种很难达到脂肪酸的合理摄入比例。消费者可根据各种油的特点选择适合自己的，吃油要多样化，才能使食用油的营养价值与功能最大化。一种食用油的营养价值不但取决于油料本身，很大程度上也取决于加工过程。同样的油料，若采用先进合适的工艺进行加工，就能减少加工过程中营养素的损失，从而生产出既有良好感官性状，又富有营养的好油，否则，即使好的油料也制造不出好的油品。

6 中国居民食用油的消费建议

01 关注食用油中脂肪酸的比例

脂肪及脂肪酸在人体中起着重要作用。根据脂肪酸的饱和度不同可分为饱和脂肪酸、单不饱和脂肪酸与多不饱和脂肪酸。摄入不同种类脂肪酸的数量和比例与人体健康有着密切关系。某一类脂肪酸的摄入过量都可能造成人体的代谢异常，并进一步引起心血管疾病及代谢性疾病的发生。因此，脂肪酸的合理配比对人体的生长发育以及疾病预防都有着重大意义。《中国居民膳食营养素参考摄入量（2013版）》中明确提出，多不饱和脂肪酸ω-6与ω-3的比值应为4：6。

饱和脂肪酸是指不含双键（不饱和键）的脂肪酸，通常作为供能的主要物质，但是摄入过多会在人体内积累引起肥胖以及心血管疾病，日常饱和脂肪酸的摄入量应控制在总脂肪摄入量的10%以下。富含饱和脂肪酸的代表性油脂有：黄油、牛油、猪油、椰子油、棕榈油以及可可脂。

单不饱和脂肪酸是指含有1个双键的脂肪酸，可降低人体内血清胆固醇的含量，从而预防心血管疾病的发生。富含单不饱和脂肪酸的代表性油脂有：橄榄油和芥花籽油等。

多不饱和脂肪酸是指含有2个或以上双键的脂肪酸。天然油脂中含大量多不饱和脂肪酸，具有2个或3个双键的十八碳脂肪酸普遍存在于动植物油脂中，4个或以上双键的20～24个碳原子的多不饱和脂肪酸主要存在于海洋动物油脂中，个别油脂中也有高达7个双键的脂肪酸。多不饱和脂肪酸的摄入对于预防心血管疾病、糖尿病以及神经性疾病都有良好的效用。富含多不饱和脂肪酸的代表性油脂有：亚麻籽油、深海鱼油和紫苏油。

02 控制食用油摄入量

研究发现，超重与肥胖是心血管疾病、高血压、糖尿病、癌症等发病的重要危险因素，而造成超重与肥胖的首要因素就是油脂的过量摄入。

从20世纪80年代开始，中国居民动物性食品摄入量大大提高，并且标准的每人每日烹饪油的摄入量呈上升趋势，从1982年每人每日18.2克，到2002年的41.6克，再到2021年的82.5克，远高于《中国居民膳食指南（2022）》每人每天25～30克的推荐上限。全国居民膳食调查发现，我国北京、上海等发达城市地区人均每日油脂摄入远超100g，超过推荐标准的300%。与此同时，2000—2018年间，成人超重率与肥胖率均呈上升趋势，并且肥胖率的上升速度更为显著。《中国食物与营养发展纲要（2014—2020年）》指出，应控制脂肪摄入量，脂肪供能比不高于30%。监测结果表明，我国居民脂肪供能比为 31.5%，超过目标上限30%。

《中国心血管健康与疾病报告2021》发布研究结果指出，2019年全国归因于高体重指数（BMI）的心血管疾病死亡人数为54.95万，即11.98%的心血管疾病死亡归因于高BMI。《中国居民营养与慢性病状况报告（2020年）》显示，17岁以下青少年的超重肥胖率达到了29.4%，并且成年居民的超重或肥胖人群已达到50.7%。此外，18岁以上成人高血压患病率为27.5%，糖尿病患病率为11.9%，高胆固醇血症患病率为8.2%。2013年，40岁以上人群脑卒中患病率为2.1%，糖尿病、高血压、心脑血管疾病等慢性病均呈上升的态势，而这些慢性病的发生与长期油脂摄入过多密切相关。

除此之外，令无数父母担忧的少年儿童早肥以及由此诱发的早熟等问题也与油脂摄入严重过量存在一定联系。

《中国居民膳食指南（2022）》中明确指出，在当前中国居民生活条件得到极大改善的时代背景下，如何减少食用油的摄入量将是亟待解决的问题。

7 油脂工业与国民健康

01 油脂与粮油食品工业

中国不仅是油料生产大国和油脂消费大国，也是油脂加工和进出口大国，我国油脂工业年产值已达1.1万亿元，是我国粮油食品工业三大主要产业之一，是关乎“健康中国”战略的重要基础产业。

油脂作为食品中重要的成分之一，其消费需求随着国内居民收入的逐年增加和生活水平的不断提高而逐年增加，从而加大了我国油料油脂产业的快速发展。2021年，我国食用油消费量达到4254万吨，我国人均油脂消费量已达到30.1千克，超过2021年世界人均食用油消费量27.0千克的水平。预计2030年，我国植物油消费量将达到4600万吨（图1-2）。

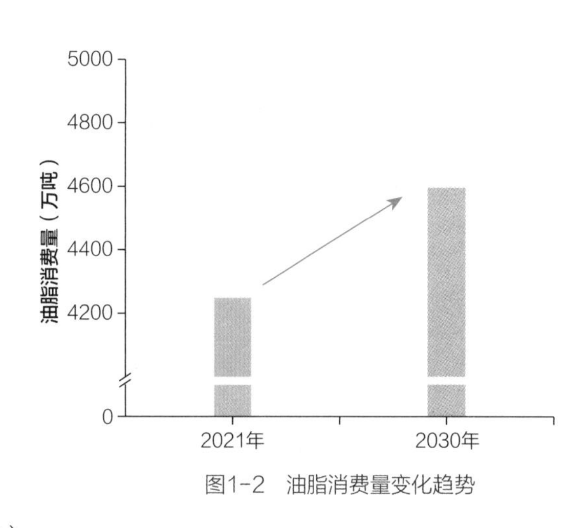

图1-2　油脂消费量变化趋势

02 油脂与人体健康

油脂作为人体重要的能量来源之一，其含碳量达73%~76%，高于蛋白质和碳水化合物的含碳量，即每克脂肪产生的热量是9千卡，为碳水化合物和蛋白质的2.25倍。适当摄入油脂可以满足人体对必需脂肪酸的需求，预防心血管疾病，提供饱腹感，补充脂质伴随物，从而维持人体健康。

以甘油三酯为主要成分的油脂（尤其是饱和脂肪酸和反式脂肪酸含量较高的油脂）摄入过多时，会增加各类慢性疾病（例如肥胖、高血压、糖尿病等）的发病率，也会导致代谢综合征发病率的升高。《中国居民膳食指南（2022）》指出，我国城市居民中，与高饱和脂肪酸和反式脂肪酸摄入相关的肥胖症、高血脂、高血压、脂肪肝和慢性病等发病率逐年递增。《中国心血管健康与疾病报告2021》中指出，中国心血管病患病率处于持续上升阶段（图1-3），推算2021年心血管病患病人数3.3亿，其中高血压2.45亿人。

《中国居民营养与慢性病状况报告（2020年）》显示，成人糖尿病患病率为11.9%，高血压患病率为27.5%，高脂血症总体患病率为35.6%。心脑血管病、慢性呼吸系统疾病和癌症为主要死因，占总慢性病总死亡的79.4%。此外，慢性疾病给个人、家庭以及社会带来沉重经济负担的同时，也给病人带来了巨大的痛苦，已成为危及我国居民生命健康的重大公共卫生安全问题。

综上所述，中国居民普遍存在食用油脂摄入过量的情况，与中国普遍存在的各类慢病及肥胖人群存在一定联系。因此，寻求新型的油脂，避免过量甘油三酯累积，控制饱和脂肪酸摄入成为学术界急需研究的问题。开发新型功能性油脂/脂质解决传统甘油三酯过量摄入，替代反式脂肪酸并减少饱和脂肪酸的摄入，对脂肪酸摄入的营养健康具有重要意义。

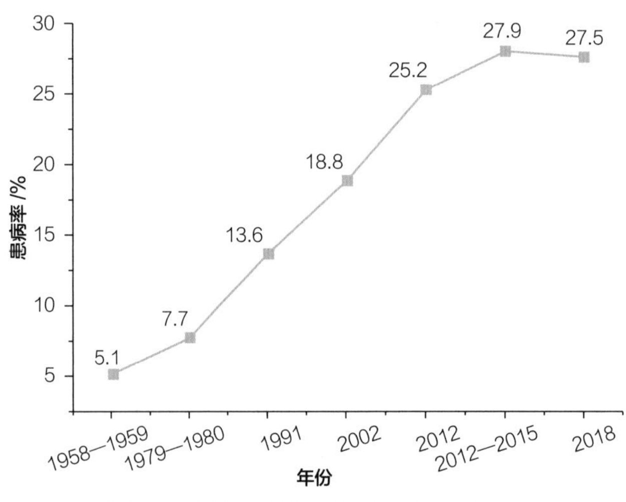

图1-3　1958—2018年中国居民高血压患病率

03 功能性食用油

功能性食用油是一类具有特殊生理功能的油脂，除了具有一般油脂的基本功能之外，功能性食用油还具备一些保健功能。其中发挥作用的主要活性物质是一些多不饱和脂肪酸：亚油酸、α-亚麻酸、γ-亚麻酸、花生四烯酸等。动物性功能油脂目前主要是鱼油，相较于其他动物性油脂，鱼油含有更多的多不饱和脂肪酸，有助于血脂、血压的控制；微生物性功能油脂又称为单细胞油脂，产油微生物的种类主要有酵母菌、霉菌和细菌。这些微生物通过利用碳源、氮源结合无机盐生产出一些含有特殊脂肪酸的功能性油脂，这些特殊脂肪酸是对人体有利的营养物质。

8 新型功能性油脂——结构脂质

01 结构脂质定义

油脂摄入过多或代谢不及时可能会增加心脑血管等各类慢性疾病的发病风险，基于中国居民普遍存在的油脂摄入严重过剩的现状，开发油脂替代物或功能性油脂的相关研究已成为当前的研究热点。

结构脂质是由天然脂质利用生物酶（如脂肪酶）或化学催化剂（如甲醇钠）催化改性反应得到的一类脂质。改性反应使结构脂在脂肪酸组成、甘油分子上脂肪酸位置分布以及物化性质（如融化特性、固体脂肪含量、氧化稳定性、碘值、黏度和皂化值）发生变化，是一种新型的、有益健康的脂质。甘油骨架上脂肪酸的组成、位置和功能性质决定着结构脂的功能、物理化学特性、生理代谢特性和营养价值。

常见结构脂质包括中长链结构脂、甘油二酯、特殊脂肪酸甘油三酯、代可可脂及婴幼儿配方油脂等。

02 开发结构脂质的意义

日常膳食中油脂的摄入情况对人体健康具有重要影响。因此，摄入营养健康的油脂已经成为保障公众健康和油脂加工业关注的大事。通过化学法或生物酶法对脂肪酸在甘油骨架上的组成及酰化位置分布进行修饰，将具有特殊营养价值或生理功能的脂肪酸结合到甘油骨架上的特定位置，并获得新型甘油酯分子。这种结构脂质可以最大限度发挥脂肪酸和甘油酯所具有的特定营养价值和生理功能，是传统甘油三酯无法比拟的。

2

PART

甘油二酯

1 甘油二酯来源及结构

甘油二酯是存在于食用油中的天然成分。

天然油脂主要由甘油三酯组成，另外含有少量甘油二酯和单甘酯，甘油二酯的含量与油料作物的种类、加工工艺以及储存条件有关，通常在10%以下。例如，日常食用的菜籽油和大豆油中分别只有0.8%和1.0%的甘油二酯，而玉米油、葵花籽油和棕榈油中甘油二酯含量分别为2.8%、2.1%和5.8%，棉籽油中甘油二酯含量相对较高，可达9.5%。

甘油（丙三醇）与不同个数脂肪酸发生酯化，会得到三种不同的甘油酯，分别为甘油三酯（TAG），甘油二酯（DAG）和单甘酯（MAG），其中甘油二酯是由甘油与两个脂肪酸酯化后得到的产物。同时根据脂肪酸与甘油上羟基结合位置差异性，可得到三种甘油二酯异构体，即*sn*-1，2-甘油二酯、*sn*-2，3-甘油二酯和*sn*-1，3-甘油二酯，其中*sn*-1，2-甘油二酯和*sn*-2，3-甘油二酯是立体异构，因此，如果不区分立体异构体，甘油二酯有*sn*-1，2-甘油二酯和*sn*-1，3-甘油二酯两种同分异构体，两者比例在3：7到4：6之间，结构如图2-1所示。

甘油二酯比甘油三酯少一个脂肪酸，其特殊的脂质代谢方式和所具有的生理活性，使其在预防肥胖及心脑血管等疾病上有着独特的作用。甘油二酯是天然油脂的微量成分，在食品、医药、化工行业中有广泛的应用，具有良好的应用前景。

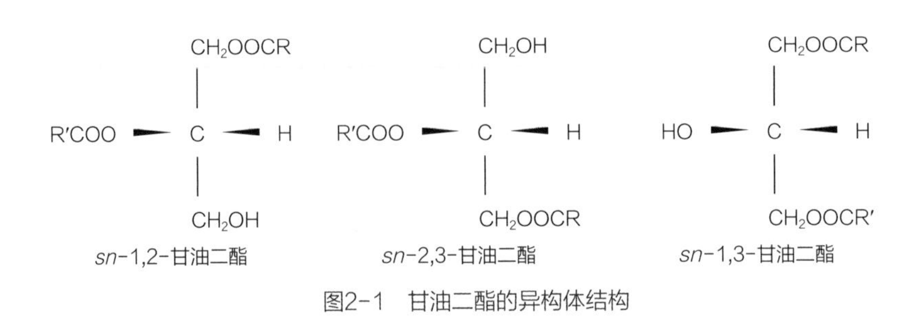

图2-1　甘油二酯的异构体结构

虽然甘油二酯和甘油三酯具有相似的消化率，但因为甘油二酯和甘油三酯的代谢途径不同（图2-2），甘油二酯在摄入后不易囤积为体内脂肪，从而可减少肥胖及相关疾病的发生。

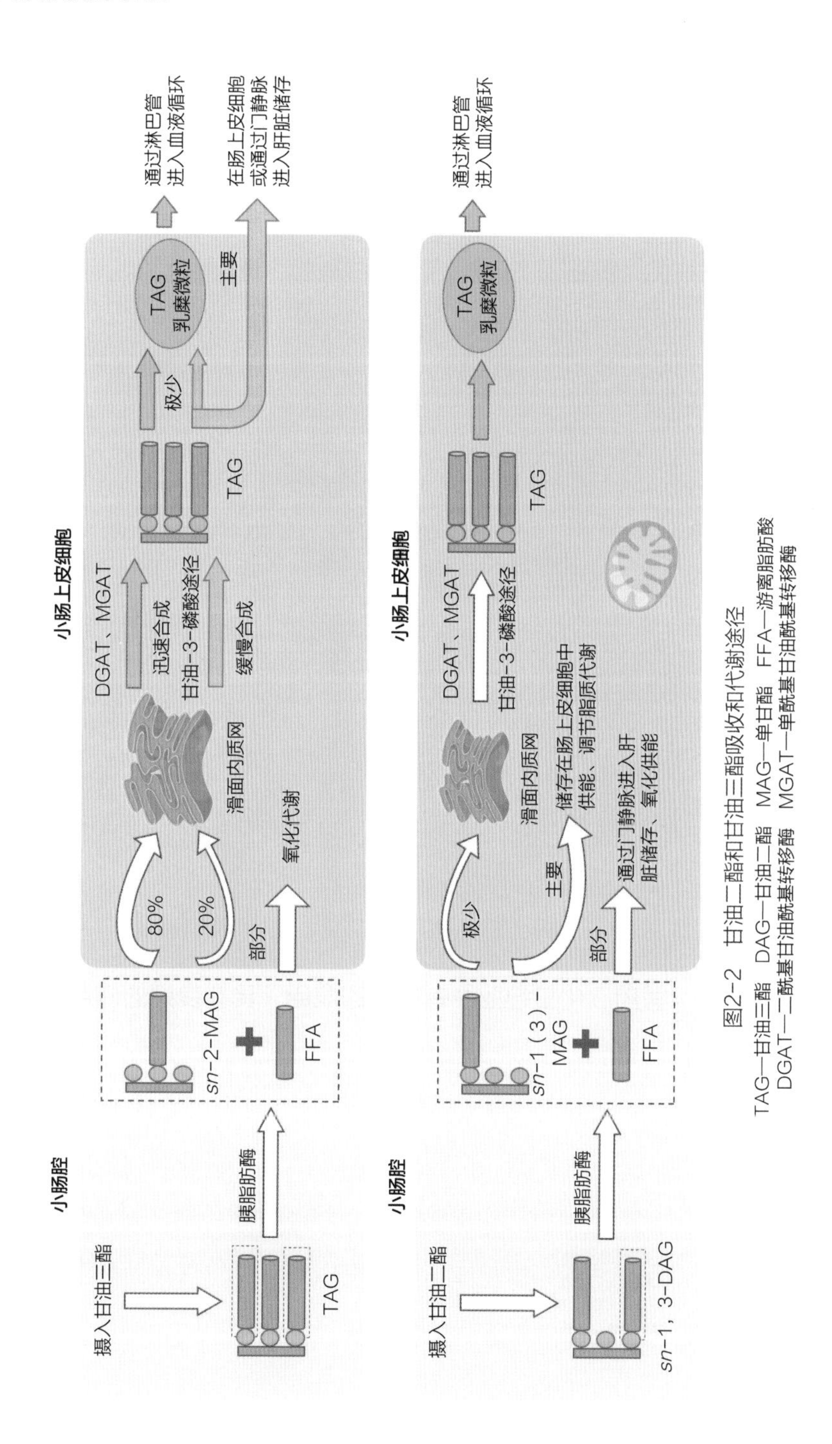

图2-2 甘油二酯和甘油三酯吸收和代谢途径

TAG—甘油三酯 DAG—甘油二酯 MAG—单甘酯 FFA—游离脂肪酸
DGAT—二酰基甘油酰基转移酶 MGAT—单酰基甘油酰基转移酶

甘油三酯进入小肠后，在胰脂肪酶的作用下被水解为游离脂肪酸和*sn*-2-单甘酯，然后被肠道上皮细胞吸收，通过由单酰基甘油酰基转移酶和二酰基甘油酰基转移酶催化的2-单甘酯途径和甘油-3-磷酸途径，2-单甘酯重新合成甘油三酯，并与载脂蛋白组装成乳糜微粒重新释放到淋巴中，经淋巴循环重新进入血液。

而*sn*-1，3-甘油二酯在小肠中被水解为游离脂肪酸和*sn*-1（3）-单甘酯，*sn*-1（3）-单甘酯被肠道上皮细胞吸收后因为不能被单酰基甘油酰基转移酶和二酰基甘油酰基转移酶催化而无法通过*sn*-2-单甘酯途径重新合成甘油三酯，另外甘油-3-磷酸途径催化*sn*-1（3）-单甘酯重新合成甘油三酯的活性相对较低，因此，不易重新合成甘油三酯，从而减少了乳糜微粒形成和脂肪积蓄，与此同时，甘油二酯的摄入会增加门静脉中游离脂肪酸的含量，降低肝脏中参与脂肪酸合成的酶的活性，加速脂肪酸的β-氧化，有利于促进脂肪消耗产热。

2 甘油二酯与甘油二酯油

研究表明，食用油中甘油二酯含量达27.3%以上，方可对人体健康发挥积极作用（*Atherosclerosis*，2010）。因此，如何安全高效地提升天然食用油脂中的甘油二酯含量，促进食用油中甘油三酯到甘油二酯的转化，以普通油脂为原料制备甘油二酯油成为了油脂开发的主攻方向之一。

区别于日本及欧美的化学法制备技术，国内专家学者及资深从业者主要以大豆油、菜籽油等天然植物油脂为原料，以脂肪酶制剂、水、甘油等为主要辅料，通过脂肪酶催化，经蒸馏分离、脱色、脱臭等工艺而制成富含甘油二酯的食用油。与化学法相比，生物酶促反应法更为绿色安全，也可以降低化学法高温加工产生缩水甘油酯和3-氯丙醇酯等植物油污染物的风险。

3 甘油二酯油研发与应用现状

01 甘油二酯油研发现状

基于中国高脂饮食对人民生命健康造成重大的影响，近年来油脂科技界提出“少吃油，吃好油，用好油”的健康理念，引领功能油脂产品的研究与开发。暨南大学的研究团队于2007年研发了甘油二酯油制备关键技术，申请专利保护，并进行了基于甘油二酯油的新型乳液、泡沫体系及皮克林递送体系等创新性食品体系的基础及应用研究，新技术未来可在面包、蛋糕、奶油、冰淇淋、糖果、巧克力等食品中应用。江南大学的研究团队在高纯度甘油二酯的制备、甘油二酯的功能性方面进行了深入研究。华南理工大学的研究团队、马来西亚博特拉大学的Lai Oi-Ming和Lo Seong-Koon等学者也在甘油二酯的制备、纯化及功能性上进行了充分研究。甘油二酯至今已有30余年的科研历史，全球大量科研团队对甘油二酯及甘油二酯油进行了研究和功效临床验证。并且甘油二酯油产品投入市场后的20余年，不断受到国际上主流科技强国的安全认证和推广，成为未来传统食用油健康迭代的重要方向。

02 甘油二酯油应用发展简史

1999年甘油二酯食用油被日本厚生劳动省（负责卫生、劳动和福利的部门）批准为“特定保健用食品（FOSHU）”。2000年，美国食品药品监督管理局（FDA）也认定了该产品的安全状态。之后“埃诺瓦油（Enova oil）”在美国推出，市场反响较好。自2001年起，以动植物油脂为原料制备的富含甘油二酯的油脂产品在日本和欧美等国家与地区的食用油脂市场流通，以“高能量、低积累”的效果受到广泛认可。

甘油二酯油的国际市场应用时间线：

1999年，甘油二酯食用油被日本厚生劳动省许可为特定保健用食品；

2000年，美国FDA认定甘油二酯食用油为公认安全物质（GRAS）；

2004年，甘油二酯食用油通过加拿大卫生部门的新食品安全认证；

2004年，澳大利亚、新西兰食品标准局经过安全性评估，认定甘油二酯食用油为新食品，允许在食品中使用甘油二酯食用油；

2005年，欧盟食品安全局通过决议，授权甘油二酯食用油作为一种新的食品投放在共同体市场。

2009年12月22日，中国卫生部第18号公告将甘油二酯油列为新资源食品（后修改为新食品原料），并制定了严格的质量要求评定标准。

2021年，甘油二酯油被纳入国家卫健委新食品原料终止审查目录，认定与原卫生部公告的甘油二酯油具有实质等同性，可作为食品原料使用。目前，我国已上市的甘油二酯油有善百年甘油二酯食用油（图2-3）等，越来越多的甘油二酯油企业和产品进入市场标志着甘油二酯健康用油新时代的到来。

图2-3　商品化的花生油甘油二酯食用油

4 甘油二酯油主要用途及发展趋势

01 营养保健领域

甘油二酯的保健作用与其特殊的代谢途径有关，可被用作预防肥胖等的辅助产品。

肥胖是指身体脂肪异常或过多堆积导致可能损害健康的一种状态，而常用于判定肥胖的指标包括体重指数（BMI）、标准体重、腰臀比、腰围和体脂率。研究发现，甘油二酯的摄入可有效减轻体重，而且皮下和内脏脂肪以及腰围也有明显减小。有别于甘油三酯通过小肠上皮细胞的吸收方式，甘油二酯通过淋巴系统和门静脉系统吸收；甘油二酯被分解成单甘酯和游离脂肪酸之后，大部分单甘酯被肠道上皮细胞吸收，不易重新合成甘油三酯，大多数游离脂肪酸通过β-氧化被分解为水和二氧化碳释放，不仅利用度高，还减轻了肠道的负担。而相对于富含长链脂肪酸的甘油二酯，富含中链脂肪酸的甘油二酯由于更易被代谢而发挥作用的效果更明显。

此外，研究还表明甘油二酯具有调节血脂和血糖的生理功能。大量研究已证实肥胖与多种疾病存在相关性，包括高血压、2型糖尿病、冠心病、脑卒中甚至某些癌症（如乳腺癌、结直肠癌、子宫内膜癌、肝癌、卵巢癌和胰腺癌）。研究发现，食用甘油二酯可降低血清中总胆固醇、甘油三酯、低密度脂蛋白胆固醇、载脂蛋白B的水平，提高血清中高密度脂蛋白胆固醇的水平，从而预防动脉粥样硬化导致的冠心病的发生。甘油二酯还能作用于糖异生过程中的重要酶以及重要中间物质，即降低磷酸烯醇丙酮酸羧化激酶的表达以及葡萄糖-6-磷酸的水平，从而发挥降血糖的功效。

甘油二酯还可以作为心血管疾病药物的载体，与药物结合，促进药物的吸收与释放；这些结合型药品与原药品相比具有吸收效果好、生物活性高、副反应少、生物相容性高等优点。甘油二酯油还对胆汁酸的分泌有抑制作用，有助于预防和缓解腹泻。

02 食品领域

甘油二酯是天然存在于各种食用油中的天然成分，更重要的是，甘油二酯还是油脂在生物体内代谢的中间产物，因而具有营养、安全、人体相容性高等优点。

甘油二酯油在乳液体系中的应用潜力

乳液是一种重要的食品体系，人造奶油、酸奶、液体乳制品、植物乳和很多酱料（蛋黄酱、色拉酱、卡仕达酱等）产品等都是乳液体系。甘油二酯是优良的乳化剂，其结构中共存的亲水基团和疏水基团是其形成油包水（W/O）或水包油（O/W）型乳液食品的关键。

2018年，研究发现，甘油二酯能够在储存或冻融处理过程中产生界面结晶，增强乳液的物理稳定性。

2020年的研究发现，甘油二酯和聚甘油蓖麻醇酸酯通过改变的结晶行为和结构性能对油包水型乳液产生共稳定作用，有利于甘油二酯在塑性脂肪制品中的应用，提高其物理稳定性（图2-4）。

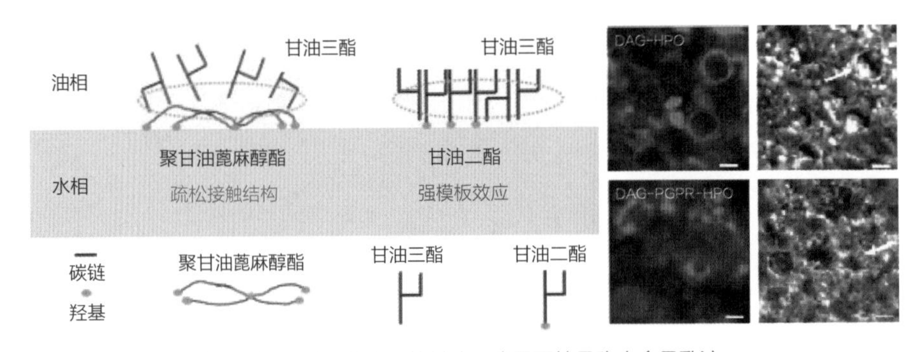

图2-4　甘油二酯介导的甘油三酯界面结晶稳定食品乳液
DAG—甘油二酯　PGPR—聚甘油蓖麻醇酸酯　HPO—氢化棕榈油

此外，2021年的研究结果表明，新型中长链甘油二酯能在后结晶乳液中形成典型的界面晶壳，而在预结晶的连续相中只形成较大的界面晶壳。因此，后结晶乳液有更高的厚度，有效地减少了液滴的沉淀，维持其稳定。

这些结果均表明甘油二酯作为乳化剂或界面稳定剂，可以有效稳定乳液体系，具有重要的应用潜力。

甘油二酯在泡沫体系中的应用潜力

泡沫体系也是重要的食品体系，例如冰淇淋、搅打奶油、冰沙等。实验表明，通过甘油二酯油替代甘油三酯制得的人造奶油质地更加细腻，品质得到极大提高，且成本下降。甘油二酯油有机凝胶应用于非水泡沫食品（空气包油乳液），可提升非水泡沫稳定性，以10%甘油二酯及单甘酯混合物作为乳化剂，使用非水泡沫制备充气减脂酱，可以替换掉传统减脂酱80%的油脂。此外，甘油二酯被认为是氢化脂类较好的替代结构脂。研究发现，用10%甘油二酯制备的油凝胶的搅拌稳定性和发泡稳定性与6%的全氢化棕榈油相当。甘油二酯在气泡表面形成了细小的板状晶体，而全氢化棕榈油则主要在连续相形成针状晶体。对于2%（质量分数）全氢化棕榈油-8%（质量分数）甘油二酯基泡沫油，界面模板结晶效应使泡沫尺寸变小，流变性能改善，疏油现象减少，泡沫破裂减少。甘油二酯油制备的非水泡沫具有良好的热响应性能和良好的健康效益，具有广阔的应用前景。

甘油二酯油在其他食品体系中的用途

除了日常膳食用油外，甘油二酯油还应用于食品专用油脂和食品添加剂中。例如，与脂肪酸组成相似的甘油三酯相比，甘油二酯通常具有较高的熔点，从而可以延缓β'晶型向β晶型的转化，可用于制备不同类型的塑性脂肪产品，包括起酥油、人造奶油和黄油等。同时，相较于棕榈油基起酥油和市售起酥油，在相同储藏条件下，富含棕榈油基甘油二酯起酥油的晶型转变更缓慢，说明其储藏稳定性更佳，可缓解塑性脂肪产品的起砂，从而起到稳定产品品质的效果。研究还发现，甘油二酯的保水能力与其脂肪酸的链长有关，不同链长脂肪酸组成的甘油二酯比相同链长脂肪酸的甘油二酯保水能力更强。

甘油二酯还被应用于烘焙食品的制作，例如，甘油二酯添加到面团中能防止面筋的过度形成，维持面团在烘烤过程原有的形状和结构，增加蓬松度并改善面包的口感和风味；而应用于饼干或蛋糕的面糊则可以使产品易于脱模，并且产品的质地柔软又光滑。

此外，甘油二酯与卵磷脂和其他添加剂制成的促溶剂应用于速溶饮品中可有效促进粉末颗粒的溶解，提升了饮品的风味以及口感，同时提升了消费者的满意度。

03 其他领域

甘油二酯还能起到保鲜的作用，将其制成膜涂于果蔬表面可以隔氧气，阻二氧化碳，以及减少水分的蒸发；相较于常用的涂膜剂，如玉米醇溶蛋白、乳清蛋白、壳聚糖等，甘油二酯制成的涂膜剂具有更好的弹性和韧性，不易破裂，并额外增加抑菌功效。

在化工和其他方面，甘油二酯可作为化工原料应用于树脂、磷脂、脂蛋白、糖脂等物质的合成，以及作为合成酶激活剂和抑制剂等。甘油二酯在化妆品中是良好的稳定剂、乳化剂和湿润剂。由于疏水和亲水基团的同时存在，甘油二酯不仅具有保湿作用，还可以透过皮肤的角质层，通过延长产品的作用时间，以达到增强保湿的效果。此外，甘油二酯的理化特性还会受到其脂肪酸组成的影响，如添加含有亚麻酸的甘油二酯不仅可以提高乳化效果，而且还能够使皮肤更加湿润和柔软；而含有支链脂肪酸的甘油二酯的保湿效果会更加的突出，还能提升皮肤的延展性。甘油二酯也可应用于粉底、口红、胭脂等产品中，例如，二辛酸甘油二酯、1-硬脂酸-3-肉豆蔻酸甘油二酯与聚硅氧烷配合能优化产品的皮肤扩展、黏附性和保湿性。

过去30年，包括中国在内的诸多科研工作者报道了甘油二酯油对人类健康的益处，大量数据证明了用甘油二酯油代替普通食用油对于改善肥胖、高血脂和高血糖等症状具有显著作用。

科技创新要面向人民生命健康，人民生命健康与人们是否摄入营养健康的油脂有着重要的联系。在中国进入全民健康生活时代以来，中国功能性油脂中的甘油二酯食用油科技实力突飞猛进，2020年我国甘油二酯食用油从科技实验产品落地到规模化、标准化的民生产品，在健康食用油脂领域实现的完全自主的中国制造。

近年来，多项甘油二酯基新型乳液、泡沫体系及皮克林递送体系等创新性的基础及应用研究也已被报道。展望未来，当继续积极倡导“吃好油，好吃油，用好油”的油脂健康理念，为早日实现“健康中国2030”及全民健康战略的目标持续发力。

甘油二酯在食品中的应用

甘油二酯除了可作为传统食用油替代品，因具乳化性和润滑性良好，营养，抗静电，加工特性好等优点，在食品、生物医药、化妆品、化工行业中有广泛的应用，具有良好的工业应用前景。

目前，许多动植物来源的甘油二酯被广泛应用于食品的配方当中。2003年，美国市场开始销售富含甘油二酯的食用油；另外加拿大、澳大利亚、新西兰已对食品中使用甘油二酯作为新的食品成分进行了安全评估，核准其作为健康食品；中国粮油学会也已把甘油二酯等功能性油脂列为2020年中长期发展规划的主攻方向。如今关于甘油二酯在食品体系的应用特性已有大量的研究报道，例如，作为水包油乳化剂（蛋黄酱、冰淇淋）、油包水乳化剂（黄油、人造黄油、起酥油）、结晶改性剂、肉制品（香肠）脂肪替代品的特性，以及在食用油、食品保鲜、速溶饮料中的应用等。以下展示了部分国内外研究团队基于甘油二酯食品体系的应用特性研究成果。

01 食用油

甘油二酯为存在于食用油中的天然成分，不仅能提供甘油三酯相同的营养和能量，还解决了甘油三酯一旦摄入过量便容易在体内积聚诱发肥胖和各类慢病的问题，所以甘油二酯油具有替代传统甘油三酯为主体的食用油的潜力。Katsuta等人发现油炸后的甘油二酯产生的丙烯酰胺含量比甘油三酯更低（*Behavioural Brain Research*，2001）。此外，Sakai等人制作了含15%甘油二酯的煎炸油，该煎炸油赋予食品良好的风味和感观，并已申请发明专利。甘油二酯油还具备一定的功能特性，花王公司开发的一款甘油二酯植物固醇食用油，具有抑制中性脂肪积累和减肥的作用。青岛农业大学杨洵等人发现用鸭油制备的甘油二酯对牛肉饼进行油炸，牛肉饼的嫩度、色泽等理化性质得到改善（食品科技，2022）。

02 蛋黄酱

蛋黄酱的含油量比较高（一般超过65%），被认为是高热量的食物，在产品配方使用中可以把甘油二酯油作为油脂的替代品。甘油二酯油用于蛋黄酱的制作可以提高产品的特性，马来西亚博特拉大学Ng等人报道了以10%棕榈油甘油二酯代替初榨椰子油制备的蛋黄酱，粒径更小，且具有良好的储存稳定性（*Food Research International*，2014）。南加州大学Kawai等人发明了由30%或更高含量的甘油二酯油制备的蛋黄酱，该蛋黄酱具有优异的储存稳定性以及良好的物理特性。南加州大学Shiiba等人发明了一种由20%甘油二酯油和0.5%~5.0%结晶抑制剂组合制备的蛋黄酱，使蛋黄酱在低温环境中具有优良的货架稳定性，并且改善了蛋黄酱的脂质代谢特性。马来西亚博特拉大学Phuah等人报道了将富含*sn*-1，3-甘油二酯的混合油脂添加到蛋黄酱当中，使蛋黄酱的风味得到了改善，同时延长了蛋黄酱的保质期（*European Journal of Lipid Science and Technology*，2016）。马来西亚博特拉大学Phuah等人报道了将10%棕榈仁甘油二酯油替代蛋黄酱中的大豆油，可以获得与大豆油蛋黄酱接近的微观结构、流变学和结构特征（*European Journal of Lipid Science and Technology*，2016）。

03 冰淇淋

冰淇淋的胶体体系是由空气、冰晶、稳定剂、乳化剂和分散的脂肪相组成。甘油二酯可以作为冰淇淋的涂层脂肪，相比于可可脂涂层脂肪，甘油二酯涂层脂肪具有更柔软的质地。甘油二酯有可以改善冰淇淋的融化特性，西北农林科技大学张平等人报道了将单甘酯-甘油二酯混合乳化剂加入冰淇淋的配方，可赋予冰淇淋质地更光滑、融化速度更低的特性（*Environmental Science*，2016）。俄亥俄州立大学Cropper等人报道了用单甘酯-甘油二酯油混合制备冰淇淋具有促进脂肪聚集的作用，使冰淇淋具有良好的融化特性（*Journal of Food Science*，2013）。此外，甘油二酯油还能改善冰淇淋的口感，尤尼利弗公司Cain等人发明了一种富含甘油二酯油（50%～90%）的冰淇淋，使其更加柔和。

04 人造奶油

在人造奶油的制作过程中，晶体和晶体网络的变化是生产人造奶油面临的重要问题之一，会严重影响人造奶油的口感和质地。目前，有相关报道指出，在制作人造奶油时添加甘油二酯，可以有效抑制β'晶体向β晶体的多态转化来稳定脂肪中的亚稳定多态，从而解决了以上问题。马来西亚Cheong等人报道了将棕榈油甘油二酯加入到人造奶油的制作当中，与商用的人造奶油相比，由于甘油二酯延迟了β'晶体向β晶体的多态转变，从而使人造奶油具有更低的滑动熔点（*Journal of the Science of Food and Agriculture*，2010）。甘油二酯油的加入可以提高奶油的保质期，Saberi等人制作了含甘油二酯油、棕榈仁油和棕榈油三元混合物的人造奶油，具有良好的储藏稳定性（*European Journal of Lipid Science and Technology*，2011）。甘油二酯油也能够改善奶油的口感和质地，Saberi等人研发了由50%甘油二酯油、15%棕榈仁油和35%菜籽油三元复合物制作的人造奶油，其饱和脂肪酸含量更低（*Food and Bioprocess Technology*，2012）。花王公司村田昌一等人报道了利用硬脂酸甘油二酯油替代单甘酯制备人造奶油，使人造奶油质地更加细腻，且降低了生产成本。日本防卫医科大学Katsunori等人发明了含甘油二酯油的人造奶油，具有良好的稳定性和延展性（*Clinical Therapeutics*，2013）。暨南大学郭雅佳等人制作含甘油二酯油的人造奶油具有较低的熔点，且晶体细腻均匀，能较好地包裹液油（中国油脂，2017）。暨南大学刘蔓蔓等人发现*sn*-1，3-甘油二酯油与葵花籽油混合而成的油脂，可应用于人造奶油（广东农业科学，2016）。

05 起酥油

在起酥油的制作过程中添加甘油二酯可以避免不饱和脂肪酸的位置异构体和反

式异构体部分进入到氢化脂肪当中，并且甘油二酯能够在非氢化脂肪当中形成晶体基质，从而改善起酥油的质地、味道、色泽，并提高其储藏稳定性。甘油二酯油能够提高起酥油的稳定性，延长货架期。马来西亚博特拉大学Latip等人利用棕榈油甘油二酯、棕榈油和葵花籽油混合制备起酥油，与商用起酥油对比延长了其货架期（*Food Chemistry*，2013）。此外，甘油二酯油能够改变起酥油的质构特性，普林斯顿大学Doucet等人发明了一种含甘油二酯的起酥油，从而实现了在无氢化反式脂肪酸存在下赋予食品良好的感官特性。徐亚元等制备甘油二酯起酥油，明显改善了起酥油的加工特性。

06 烘焙产品

使用富含甘油二酯的起酥油或人造黄油制作的烘焙产品（蛋糕、饼干、面包）具有良好的感官特性。利用起酥油制作蛋糕可以增强其通气性能，其中甘油二酯起稳定气泡作用。使用甘油二酯油制作的人造黄油，可以改善制作饼干面团的润滑性和流动性，改变面筋的结构特性，增加饼干的硬度。甘油二酯油的添加，赋予蛋糕良好的保湿性，马来西亚Cheong等人报道了使用含甘油二酯的起酥油生产蛋糕具有更高的比体积，提高了蛋糕的保湿能力，质地更加松软；使用富含甘油二酯人造黄油制作的饼干，质地更柔软致密（*European Journal of Lipid Science and Technology*，2011）。花王公司前田秀夫等人制作了含甘油二酯油的面包，提高了面包的湿润感（中国食品添加剂，2002）。法国人造黄油工会商会Chrysan等人制作富含甘油二酯油的蛋糕，由于甘油二酯具有两亲性，因此蛋糕具有更好的品质（*Cahiers De Nutrition Et De Diététique*，2010）。东京大学Koike等人报道，富含甘油二酯油的蛋糕等焙烤制品极易脱模，产品不粘盘且口感柔软、润滑。此外，甘油二酯油能够改善产品的物理性质，提高稳定性，广州美晨科技实业有限公司张思源等人利用含甘油二酯的起酥油制作面包，改善了面包的柔软度和抗老化性，而且在烘焙过程中不会造成面包酸价和过氧化值的超标（中国食品添加剂，2017）。新墨西哥大学贝雷等人发现甘油二酯油在面包制作时能够吸收并保留相当数量的空气，在烘烤时能起到蓬松的作用（贝雷：油脂化学与工艺学，2016）。马来西亚博特拉Lai等人利用含甘油二酯起酥油制作的蛋糕具有更松软的质地（*European Journal of Lipid Science and Technology*，2011）。

07 脂肪替代品

在肉制品的加工中，甘油二酯可以作为动物脂肪的部分替代品或完全替代动物脂肪。甘油二酯油作为脂肪的替代品能够改善肉制品的稳定性和乳化特性，哥本哈根大学Miklos等人用猪油制备的甘油二酯油替代肉糜中的猪油，得到的肉糜具有更高的稳定性和弹性（*Meat Science*，2011）。东北农业大学孔宝华等人报道了用猪油甘油二酯油替代猪油制备一种肌原纤维蛋白乳状液，可应用于乳化剂型香肠的制备，具有更好的乳化性能（*Meat Science*，2016）。

08 食品保鲜

目前，对于鲜肉、蔬菜水果的保鲜主要使用冷藏、涂层、气调、使用防腐剂等方法，这些方法具有干耗、失重、褪色等缺点。甘油二酯油用于鲜肉的保鲜，降低了产品的保鲜成本，提高了产品的营养价值，江南大学孟祥河等人报道了用甘油二酯油在1～16℃条件下浸泡鲜肉，能够降低干耗，防止肉的褪色，具有成本低等优点（中国食品添加剂，2002）。甘油二酯油作为保鲜剂还能改善产品的外观，安徽农业大学薛秀恒报道了用甘油二酯油浸泡的大米，进行蒸煮后米饭的外表光亮，口感提升。斯坦福大学Vibeke等人报道了甘油二酯油进行果蔬保鲜涂抹，具有良好的膜黏弹性，韧性足，且具有抑菌功能（*Starch-Starke*，2001）。

09 速溶饮料等其他饮品

目前，市场上销售的速溶饮品主要有咖啡、奶茶、乳化果汁、乳粉等。对于速溶饮料，良好的分散性至关重要，会影响到饮料的口感以及营养成分。甘油二酯油用于制作速溶饮料，可以提高其溶解性，改善饮料的风味。宝洁公司Butetbarugh等人研发出了一种由甘油二酯、卵磷脂和其他添加剂制成的一种促溶剂，该产品可以促进速溶饮品的溶解，同时提升饮料的风味，很大程度上提升了口感。加利福尼亚大学Baughn等人将甘油二酯油作为食品添加剂加入到饮料中，不仅改善了饮料的溶解性，且制得的产品泡沫更加丰富，口感更好。此外，甘油二酯油的添加，可以提高速溶饮料的稳定性，青岛农业大学贺可琳等人研究了鸭油甘油二酯对脱脂奶粉稳定性的影响，添加甘油二酯不仅可以提高其稳定性，还可以增加脱脂奶粉的香味（中国食品添加剂，2016）。安徽农业大学张秀秀等人利用甘油二酯油替代酸奶制作过程的脂肪，所制备出来的酸奶表观黏度较高，凝胶体系凝聚性更好，结构更稳定（中国油脂，2020）。

甘油二酯油功效研究进展

1 甘油二酯油功效总论

由于代谢机制与甘油三酯不同，甘油二酯在摄入后可以迅速在体内代谢，不易囤积为体内脂肪。摄入甘油二酯油还可以调控肝脏以及骨骼肌中多种脂肪代谢基因和脂肪代谢酶的表达程度，改善机体对脂肪代谢体系的调节作用，因此，甘油二酯油可视为是一种天然健康的甘油三酯油替代物。

甘油二酯油替代传统食用油脂产生的多种有益功效被广泛研究，文章已发表近1200余篇。

目前，相关研究中甘油二酯最小起效剂量为日摄入2.5克含有78.1%的甘油二酯油（即日摄入1.95克甘油二酯），3个月后体重、BMI及血脂水平都显著降低（*Obesity*，2007）。本章将从甘油二酯油降低体脂组成，降低血脂水平，防止动脉血栓形成，降低血糖水平，缓解炎症反应，改善骨骼健康及其他功效等方面对甘油二酯油的营养功效进行总结。另外将介绍甘油二酯油在高血糖、高血压、高血脂患者以及肥胖人群中较健康人群有更好的营养功效。

2 甘油二酯油营养功效

01 降低体脂组成

当脂肪氧化低于脂肪摄入时，脂肪储存就会增加。暨南大学彭喜春指导的文章

“大豆甘油二酯通过改变D-半乳糖诱导衰老大鼠肠道菌群和结肠上皮细胞基因表达调节脂质代谢”发现，甘油二酯油摄入后可以下调脂肪细胞脂质合成基因，促进甘油二酯摄入后的脂肪氧化，说明甘油二酯油摄入后有助于减肥。

38名男性在摄入甘油二酯油4个月后体重显著下降3.6%，较摄入甘油三酯油的对照组减肥功效极显著；114名健康受试者在摄入甘油二酯油1年后，腰围显著减小，并且研究发现女性腰围减少效果较男性更好（*Journal of Oleo Science*，2004）。

另一项研究表明，摄入甘油二酯油4个月后受试者平均减重1.2千克，是甘油三酯油组减重效果的2.4倍。16名健康受试者在摄入甘油二酯油后体脂率和脂肪量与摄入甘油三酯油相比显著降低（*Journal of Oleo Science*，2017）。

甘油二酯油降低体重的效果在不同体重的人群中效果都十分显著，在体重较高的人群中发现摄入甘油二酯油体重减少量略高于体重正常人群摄入甘油二酯油后的体重减少量（*Journal of Nutrition*，2000）。79名超重患者摄入甘油二酯油6个月后，减重效果为摄入甘油三酯油组的1.5倍（*American Journal of Clinical Nutrition*，2002）。

瘦素是一种由脂肪组织分泌的激素，它在血清中的含量与动物体脂量和体重成正比，属于抗肥胖因子，甘油二酯油摄入可以抑制脂肪组织瘦素mRNA的表达，并上调脂质代谢中起重要作用的肝脏脂酰辅酶A氧化酶和脂酰辅酶A合酶的表达含量，使瘦素含量降低（*Thrombosis research*，2006）。摄入甘油二酯油可以显著降低体重、BMI、腰围、血清瘦素浓度等与肥胖相关的指标，甘油二酯油减少体内脂肪量如图4-1所示。

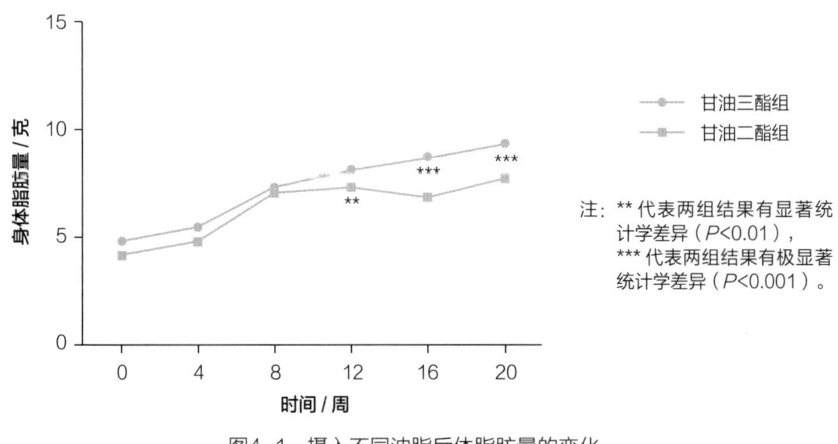

图4-1　摄入不同油脂后体脂肪量的变化

摄入甘油二酯还有助于减少腹部脂肪。131名超重人群分别摄入甘油二酯油及甘油三酯油后，腹部脂肪在甘油二酯油摄入组减少38平方厘米，而甘油三酯油对照组减少17平方厘米，甘油二酯油组减少量为甘油三酯油组2.2倍。甘油二酯油可以显著减少腹部脂肪积累也在文献中被证实（*Lipids*，2004）。

02 降低血脂水平

传统食用油中大量的甘油三酯会加重身体代谢负担并容易重新在体内转化为甘油三酯或转化为体内脂肪。不同于摄入传统油脂，摄入甘油二酯油更易于分解代谢，在体内代谢完全提供能量而减少脂肪堆积，并且极少重新转化为甘油三酯，从而降低血清甘油三酯含量，因此，摄入甘油二酯油有助于降低血脂水平。

114名受试者在摄入甘油二酯油3个月后血脂含量显著下降，而对照组摄入甘油三酯油血脂含量上升（*Obesity*，2007）。

24名2型糖尿病患者摄入甘油二酯油3个月后血脂浓度由2.55毫摩尔/升变为1.98毫摩尔/升，显著下降，而一直摄入甘油三酯油并无显著降血脂效果。甘油二酯油每日摄入剂量与餐后血清甘油三酯浓度下降程度呈正相关（*Nutrition*，2006）。

研究发现每日摄入甘油二酯油多于2.73克即可使高血压、高血脂人群有效降低血脂（*Atherosclerosis*，2010）。

超重人群摄入甘油二酯油后内脏脂肪面积减少量较健康人群摄入甘油二酯油减少量更多。研究发现，甘油二酯油饮食比甘油三酯油饮食的餐后血浆甘油三酯油曲线下面积（AUC）和腹腔下脂肪面积更小，即甘油二酯油降低了餐后血脂水平，如图4-2所示。

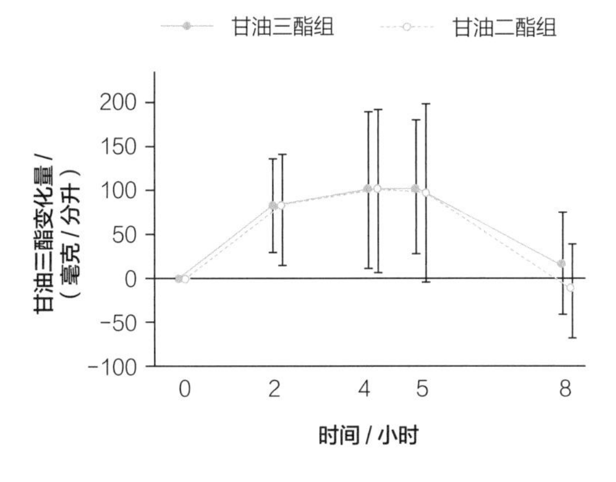

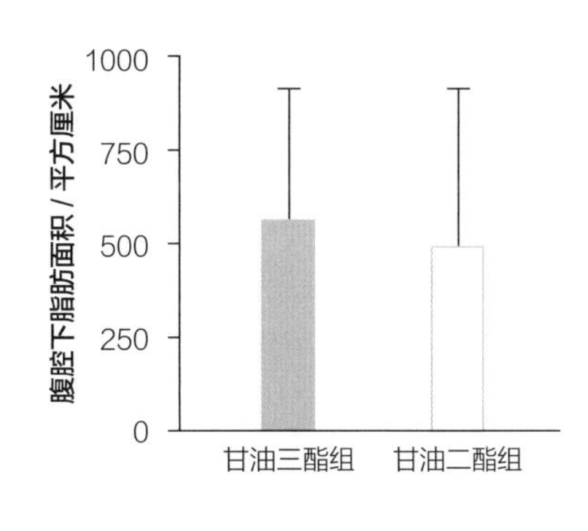

图4-2 摄入不同油脂后餐后血脂和内脏脂肪面积的变化

03 防止动脉血栓形成

日本神户学院大学Ijiri等人研究了饮食甘油二酯油与载体蛋白E（ApoE）和低密度脂蛋白受体（LDLR）缺陷小鼠动脉血栓形成的关系（*Thrombosis Research*，2006）。实验选取ApoE和LDLR缺陷小鼠，给予4种实验性饲料喂养：高脂（西方饮食模式）组，含20%脂肪和0.05%胆固醇；甘油三酯油和甘油二酯油组各含20%的甘油三酯或甘油二酯及少量脂肪酸和0.05%胆固醇；低脂（日本饮食模式）组，含7%脂肪，不含胆固醇。结果高脂组和甘油三酯组的血栓发生率比低脂组高，而甘油二酯油组的血栓形成程度最轻，与低脂组程度相当。甘油二酯油组和低脂组的血浆总胆固醇水平显著低于高脂和甘油三酯油组，甘油二酯油组的血浆甘油三酯水平较甘油三酯油组显著降低。

研究者认为，甘油二酯油组降低了血浆甘油三酯水平可能是甘油二酯油组降低凝血和动脉粥样硬化形成的原因；另外可能与降低胆固醇水平有关，而高水平氧化型低密度脂蛋白胆固醇在动脉硬化形成过程中扮演重要角色。因此，甘油二酯油可预防小鼠动脉血栓形成。甘油二酯油摄入后血栓形成面积显著减小，表明甘油二酯油可有效防止小鼠动脉血栓的形成。在多篇研究中发现甘油二酯油可对心血管疾病的多种炎症因子产生抑制作用，例如肿瘤坏死因子α（TNF-α）、白细胞介素-6（IL-6）、C反应蛋白（CRP），如图4-3所示。

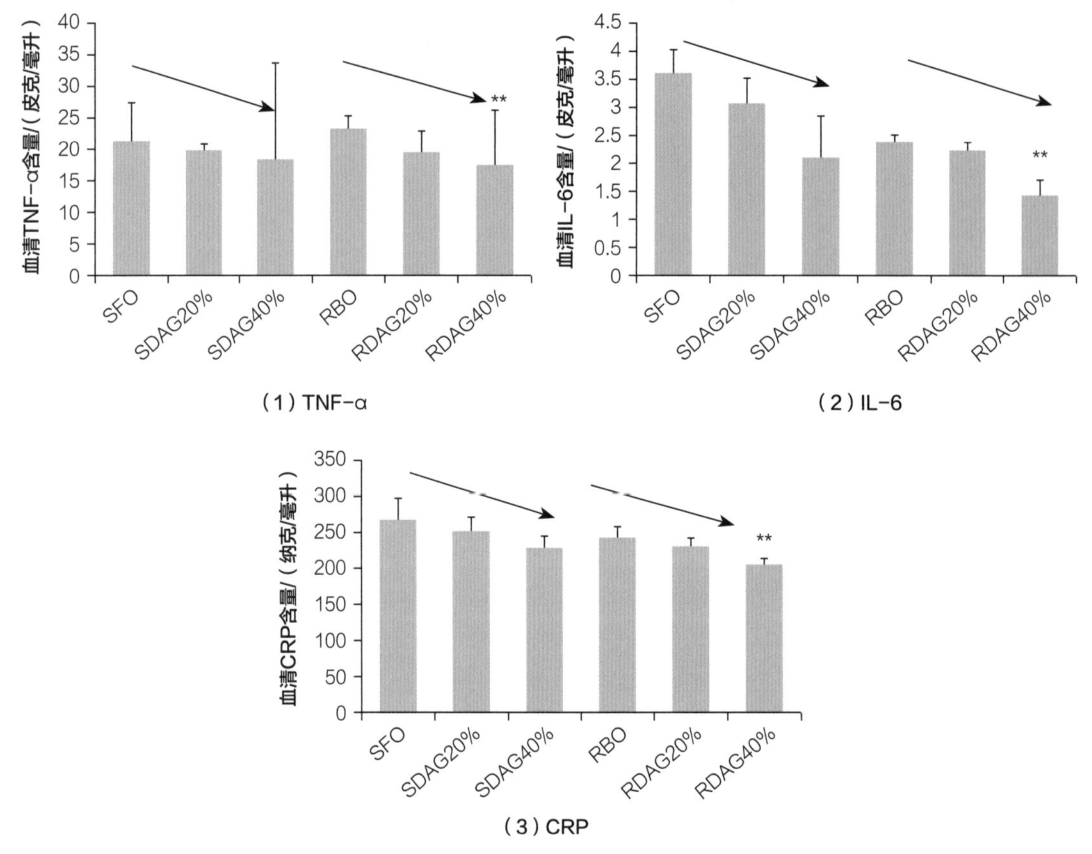

图4-3　摄入甘油二酯油后心血管疾病炎症因子的变化

SFO—葵花籽油　SDAG20%—20% 葵花籽油甘油二酯　SDAG40%—40% 葵花籽油甘油二酯

RBO—米糠油　RDAG20%—20% 米糠油甘油二酯　RDAG40%—40% 米糠油甘油二酯

注：** 代表该组结果与其他组有显著统计学差异（$P<0.01$）。

04 调节胆固醇含量

脂蛋白代谢异常与心血管疾病有强相关性，而胆固醇含量是判断脂蛋白代谢是否正常的主要指标。临床表明，健康受试者摄入甘油三酯油4个月后，血清总胆固醇含量上升，而摄入甘油二酯油后血清总胆固醇由4.65毫摩尔/升显著下降至4.2毫摩尔/升（*Journal of Lipid Research*，2002）。

低密度脂蛋白是血浆蛋白中导致动脉粥样硬化的首要蛋白，而低密度脂蛋白胆固醇可以反映体内低密度脂蛋白的含量，动物实验发现，摄入甘油二酯油3个月后，血清低密度脂蛋白胆固醇含量显著降低35.6%（*Lipids*，2009），另一篇研究也发现低密度脂蛋白胆固醇在摄入甘油二酯油后显著下降（*Food Chemistry*，2018）。相反，高密度脂蛋白主要作用为抗动脉粥样硬化，通过高密度脂蛋白胆固醇可以反映高密度脂蛋白的含量（重庆医科大学学报，2009）。健康人群摄入甘油二酯油后一段时间，总胆固醇含量会短暂高于甘油三酯油组，高密度脂蛋白胆固醇短暂低于甘油三酯油组，不过这一趋势被迅速控制并最终出现高密度脂蛋白胆固醇含量提升，总胆固醇含量降低，低密度脂蛋白胆固醇含量下降等有益趋势（*Clinica Chimica Acta*，2001）。动物实验表明，甘油二酯油可以抑制小鼠合成低密度脂蛋白的载脂蛋白B的mRNA的表达，表明甘油二酯油具有降低低密度脂蛋白水平的能力（*Atherosclerosis*，2010）。12只大鼠分别被喂食含有10%甘油二酯油或葵花籽油（SFO）的饮食。60天后取样，与给予SFO的大鼠相比，喂食富含甘油二酯油饮食的大鼠血清中胆固醇含量与低密度脂蛋白胆固醇、极低密度脂蛋白胆固醇含量之和分别下降至83.9毫克/分升、49.3毫克/分升，如表4-1所示。

表4-1　摄入不同食用油后大鼠血清胆固醇含量变化

	血脂	
	葵花籽油	甘油二酯油
胆固醇/（毫克/分升）	108.4 ± 3.0[b]	83.9 ± 2.1[a]（23%↓）
高密度脂蛋白胆固醇/（毫克/分升）	37.2 ± 2.4[a]	34.6 ± 1.5[a]（7%↓）
低密度脂蛋白胆固醇+极低密度脂蛋白胆固醇/（毫克/分升）	71.2 ± 3.7[b]	49.3 ± 3.1[a]（31%↓）

注：表中数值为平均值 ± 标准偏差，上标不同字母的同一行数据存在显著性差异（$P<0.05$）。

05 降低血糖水平

传统甘油三酯油摄入后在体内代谢缓慢，而甘油二酯由于代谢方式的不同，可以迅速氧化分解，转化为能量，因此，通过脂肪氧化获得能量的比例升高，进而抑制糖异生途径，抑制血糖浓度升高，抵抗餐后糖耐量下降。

甘油二酯油的辅助降低血糖浓度作用主要表现在摄入甘油二酯油后较摄入甘油三酯油后血糖和胰岛素含量的降低。

有研究表明，摄入甘油二酯油餐后血糖含量上升速率显著慢于摄入传统甘油三酯油（*Journal of Agricultural and Food Chemistry*，2012）。2型糖尿病患者在摄入甘油二酯油2个月后，血糖含量由7.4毫摩尔/升显著下降为7.06毫摩尔/升，并且胰岛素含量也显著下降（*Clinical Nutrition*，2008）。健康人群摄入甘油二酯油后仅6小时后，血清胰岛素含量已经显著低于摄入甘油三酯油组。

胰岛素抵抗指数（HOMA-IR）是判断人体对血糖控制能力的重要指标，由血糖含量及胰岛素浓度计算得出，胰岛素抵抗指数较高的人群血糖调节能力较差，更易患高血糖。研究发现，2型糖尿病患者在摄入甘油二酯油4个月后胰岛素抵抗指数显著降低，而摄入甘油三酯油后胰岛素抵抗指数并无显著变化，说明甘油二酯油有效改善了胰岛素抵抗，优化了血糖调节能力。摄入甘油二酯油120天后受试者胰岛素抵抗指数显著下降，如图4-4所示。

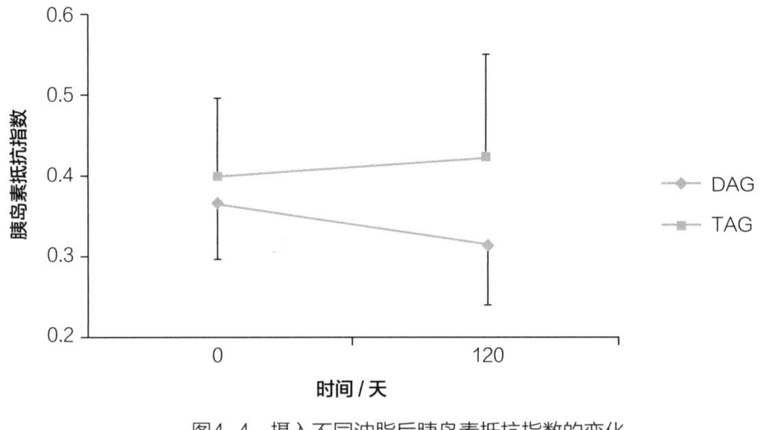

图4-4　摄入不同油脂后胰岛素抵抗指数的变化
DAG—甘油二酯　TAG—甘油三酯

06 缓解炎症反应

天然甘油二酯中包含的1，2-甘油二酯被证明可以预防慢性炎症和慢性疾病，甘油二酯油可以阻断人体的内表皮细胞和抗炎巨噬细胞中的炎症介质与有害细胞因子的表达，改善全身免疫系统的异常激活，从而抑制全身的炎症反应，因此，甘油二酯油有助于预防及缓解系统性的炎症反应。

在败血症大鼠模型腹腔内注射甘油二酯油后，发现甘油二酯油可以抑制体内内毒素的释放，甘油二酯油产生的炎症反应保护机制使得大鼠100%避免了致死性的内毒素血症。实验证明多种不同类型1，2-甘油二酯的摄入都可以改善炎症反应的发生机制，并且甘油二酯油还可以通过预防炎症反应来预防肺部损伤，保证心肺功能的持续健康（*Immunobiology*，2016）。由脂多糖（LPS）诱导的炎症反应在动物实验中72h后存活率降至30%以下（棕色），而在加入甘油二酯油后，存活率显著提升至80%及100%（蓝色及红色），如图4-5所示。

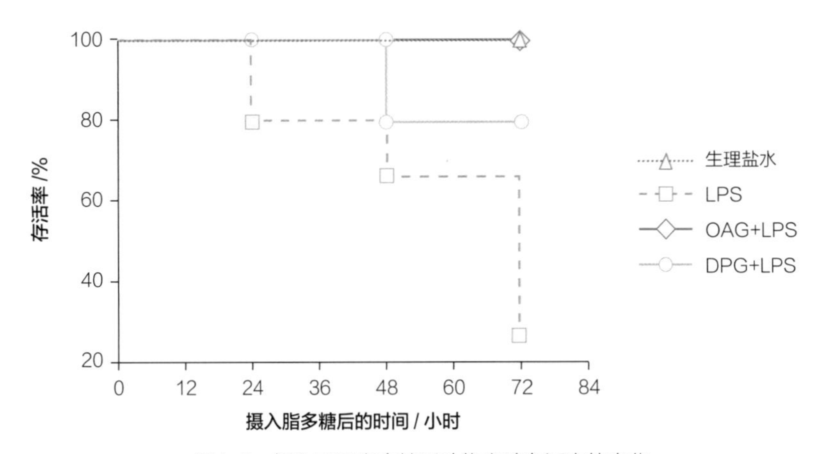

图4-5　摄入不同脂多糖后动物实验存活率的变化

LPS—脂多糖　OAG—2-乙酰基-1-油酸甘油　DPG—1，2-二棕榈酰-*rac*-甘油

07 改善骨骼健康

摄入甘油二酯油后大鼠的多种骨转化指标较摄入甘油三酯油的大鼠显著提高，证明摄入甘油二酯油后骨密度更高，骨微结构参数更加优越。以上研究表明，甘油二酯油对骨骼的有益作用可能是由于骨髓细胞向成骨细胞而非成脂细胞的分化增加所致。

传统甘油三酯油摄入量大时存在轻微的脂毒性并且高负荷的甘油三酯摄入会加大骨骼细胞的代谢负担，提升体内骨骼细胞的油脂氧化应激性，导致部分骨骼细胞功能性变差并且可能转化为脂肪细胞。而甘油二酯的代谢差异可以减轻这些危害作用，摄入甘油二酯油后阻碍了骨髓间质细胞向脂肪细胞的分化而增加了骨髓间质细

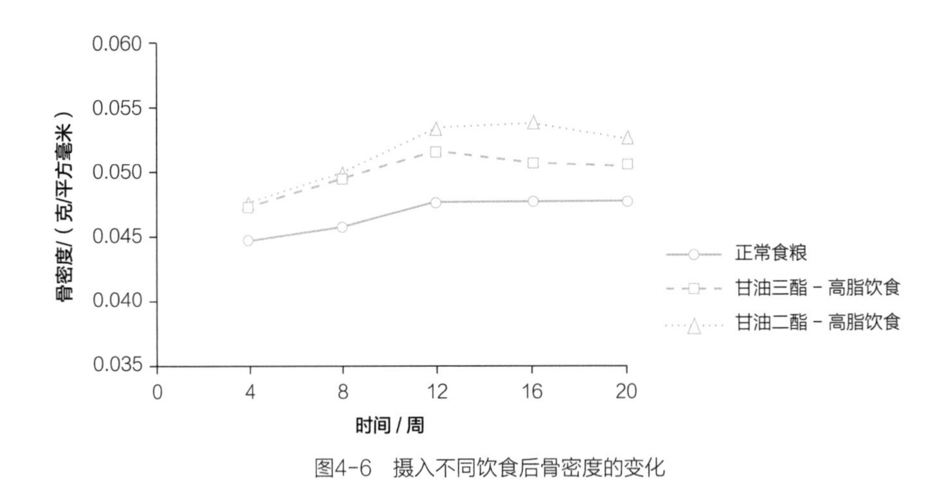

图4-6　摄入不同饮食后骨密度的变化

胞向成骨细胞的转化，如图4-6所示，摄入甘油二酯油后的骨密度变化显著高于摄入甘油三酯油组，证明甘油二酯油的摄入对骨骼和骨代谢存在有益作用，人体摄入甘油二酯油后有助于调节骨骼健康，辅助预防骨质疏松。

08 预防疾病并发症

糖尿病伴发并发症已成为威胁糖尿病患者生存的主要原因，有效降低和延缓并发症的发生具有极为重要的临床意义，直接关系到糖尿病患者的生存率和生活质量。研究显示，甘油二酯油饮食可以延缓2型糖尿病肾衰的进程（*Diabetes Care*，2006）。实验选取15名门诊患者，随机分为甘油二酯油组和对照组，甘油二酯油组用甘油二酯食用油代替日常食用油，而对照组则保持其原食用油不变。每天摄取10克食用油，持续6个月。结果甘油二酯油组体重、BMI和血甘油三酯水平较对照组明显减低，而且在之后的3年时间里，坚持食用甘油二酯食用油可维持这些指标水平，其血液透析的人数较对照组显著减少。因此，长期摄入甘油二酯油，在不减少能量摄入时，可以延缓糖尿病肾病肾功能的恶化，推迟开始使用透析的时间，其原因可能与甘油二酯油减少餐后高血脂的出现，改善空腹血脂水平有关。

同时甘油二酯油被证明可以通过合成心肌蛋白改善糖尿病型心肌功能紊乱（*Life Sciences*，2001），改善心肌功能障碍。

09 其他功效

除了前文所述功能外，通过研究甘油二酯油对脂质代谢控制基因的表达程度，发现在高脂血症易感性患者中，甘油二酯油摄入可增强血脂谱，对内脏脂肪/总脂肪比（CT）及脂蛋白谱进行改善，证明甘油二酯由于代谢差异产生的优越性对血脂体系的调节失衡起到了改善的作用（*Biochemical and Biophysical Research Communications*，2003）。

摄入甘油二酯油后还可以调节食欲，短期摄入甘油二酯油由于增强了脂肪氧化程度，迅速提供更多的能量，食欲的各项测定值包括饥饿感、饱腹感、对食物的预期摄入量，以及对食物的渴望都均显著降低。因此，可以有效降低食欲，帮助抑制体重的增长，而长期摄入甘油二酯油后由于血脂体系、脂蛋白体系的稳定性增强，多项功能指标维持在健康的阈值范围，进而可以刺激食欲增加，但食欲增加并不会影响甘油二酯油减肥降脂等有益功效，即使摄入甘油二酯油后食物摄入量高于摄入甘油三酯油人群，体重减轻效果依旧较甘油三酯油组更好。

甘油二酯油摄入后可以有效使皮肤减皱，114名健康人群摄入甘油二酯油1年后，皮肤平均减皱5毫米；甘油二酯中间代谢产物2-单甘酯被发现形成后会作为构成人体重要脂质代谢功能成分磷脂的重要原料，从而调节脂质代谢（*Diabetes Care*，2010）。

3 适应人群

在聚焦甘油二酯油的营养功效临床研究中，前文所述功效对不同年龄、性别、身体状况的受试者都产生了良好的作用。除此以外，甘油二酯油针对不同人群的营养功效被证明存在一定差异，以下将分别从高血糖患者、高血脂患者、高血压患者、肥胖人群、中老年人群、青少年人群和健身人群摄入甘油二酯油较其他人群摄入甘油二酯油后，产生的更显著的营养功能阐述甘油二酯油的健康功效。

01 高血糖患者

糖尿病患者摄入甘油二酯油后血糖水平极显著降低，同时甘油二酯油的摄入可以改善糖尿病患者对胰岛素的敏感性，有助于饭后血糖水平更快恢复到正常范围（*Clinical Nutrition*，2008），甘油二酯油的摄入可以显著降低2型糖尿病患者的体重、腰围、臀围、胰岛素抵抗指数、胰岛素和瘦素浓度等指标，同时，对受试者的空腹血糖水平具有明显降低作用。

近年来大量研究发现，因为糖尿病患者通常合并有高脂血症，并且有一部分患者通过饮食控制平稳血糖后高脂血症仍得不到改善，而甘油二酯油可通过改善糖尿病伴发的高脂血症而显著降低动脉粥样硬化性并发症的发生。胰岛素抵抗者及糖尿病患者用甘油二酯油替代甘油三酯油后，胰岛素抵抗者和糖尿病患者空腹和餐后血脂水平明显下降（*Atherosclerosis*，2005；*Clinica Chimica Acta*，2005）。2型糖尿病患者摄入甘油二酯油后高密度脂蛋白胆固醇浓度由1.02毫摩尔/升变为1.17毫摩尔/升，上升极显著，而摄入甘油三酯油组无明显变化。而另一项关于2型糖尿病的研究发现，摄入甘油二酯油后低密度脂蛋白胆固醇随着摄入甘油二酯的时间推移显著降低（*Clinical Nutrition*，2008）。所以甘油二酯油的降脂作用对糖尿病患者有极重要的意义，随着对甘油二酯油研究的深入，应考虑将甘油二酯油的应用列入糖尿病营养指南中。

同时，甘油二酯油被证明可以通过合成心肌蛋白改善糖尿病型心肌功能紊乱（*Life Sciences*，2001），改善心肌功能障碍。

02 高血脂患者

研究表明，高血脂患者摄入甘油二酯油后较正常人群血脂浓度降低更显著，高血脂患者摄入甘油二酯油后改善了血糖调节并可以显著降低血脂，有效避免了心血管疾病的发生风险。在血脂水平较高人群中，摄入含量越高的甘油二酯油后低密度脂蛋白胆固醇浓度下降越快，说明甘油二酯油摄入量上升，体内低密度脂蛋白胆固醇含量会有效降低（*Journal of Agricultural and Food Chemistry*，2012）。还有研究表明，对于血糖稳定后仍有高脂血症的糖尿病患者，用甘油二酯油脂代替甘油三酯油脂后其血脂水平也能得到良好控制（*The Journal of Nutrition*，2001）。

03 高血压患者

高血压常作为高血脂及高血糖的并发症，高血压患者餐后血脂升高速度显著快于正常人群（*Journal of the American College of Nutrition*，2003），而摄入甘油二酯油后可以显著控制餐后血脂上升速率，因此，对于高血压患者的血液调节功能有一定的减负作用，高血压患者摄入甘油二酯油后降血脂效果更好，并且可以有效缓解高血压症状（*Metabolism*，2005），防止长期高血压状态对内脏器官造成压迫及伤害。

04 肥胖人群

甘油二酯油摄入后脂肪氧化速率加快，可以防止油脂摄入之后转化为体内脂肪储存，而在肥胖人群中，甘油二酯油脂肪氧化速率较正常人摄入甘油二酯油后的脂肪氧化速率显著提升，这说明肥胖人群摄入甘油二酯油后的减肥效果较体重正常人群效果更显著，16名肥胖人群摄入甘油二酯油120天后，体重平均减少1.31千克，同时腰围和BMI降低量较非肥胖人群也更显著（*Asia Pacific Journal of*

Clinical Nutrition，2015），摄入甘油二酯油12周后，肥胖人群内脏脂肪面积减少量是非肥胖人群的2倍（*Journal of Oleo Science*，2016）。对131名肥胖患者进行临床试验研究，发现低能量饮食中加入甘油二酯（主要是1，3-甘油二酯）比加入甘油三酯可以更好地降低体重和体脂（*American Journal of Clinical Nutrition*，2002）。实验将患者随机分为2组（甘油二酯油组和甘油三酯油组），均给予低能量饮食（能量控制在 2100～3350千焦/天），用甘油二酯油和甘油三酯食用油代替日常食用油，分别占总摄入能量的15%。24周后甘油二酯油组较甘油三酯油组体重显著下降，说明肥胖人群摄入甘油二酯油后减重效果较正常人更好。如表4-2所示，肥胖人群（内脏脂肪面积≥140平方厘米）摄入甘油二酯油12周后内脏脂肪面积减少效果较非肥胖人群更加显著。

表4-2　肥胖人群与正常人群摄入不同油脂后内脏脂肪面积的变化

组别	第0周	第4周	第8周	第12周
内脏脂肪面积正常组				
甘油三酯油组	127±27	127±29	129±29	127±29
亚麻酸甘油二酯油组	128±26	1219±27	129±28	124±27
内脏脂肪面积≥140平方厘米组				
甘油三酯油组	163±18	163±23	161±21	163±22
亚麻酸甘油二酯油组	162±15	160±19	161±21	154±20

05　中老年人群

大多数的油脂和胆固醇都需要肠道和胰腺协助消化代谢。随着人的年龄增长，胰脏代谢能力下降，小肠吸收速度变低。中老年人群选择能够快速代谢的甘油二酯油更有助于消化。同时，中老年人群由于体内代谢调节机制退化，导致高血糖、高血脂、高血压等疾病发生的可能性大幅提升，同时还会伴有胆固醇代谢失衡。摄入甘油二酯后可以更好地调节胆固醇代谢，防止动脉粥样硬化以及冠心病等心血管疾病的发生，防止动脉血栓的形成，改善血液健康，因此，摄入甘油二酯在中老年人群中功效较健康人群更有效。

06 青少年人群

青少年儿童由于身体机能发育并不完善，肠道菌群种类及丰度较低，无法快速代谢常用的甘油三酯油，长时间摄入甘油三酯油导致身体代谢负担增大，不利于青少年人群身体机能的完善。而甘油二酯代谢机制与甘油三酯不同，在摄入后可以被快速代谢完全，不会给青少年的代谢造成负担，有效保护了青少年健康消化代谢系统的形成，有利于青少年的身体机能发育完善。除此以外，由于肠道菌群在青少年时较成年人更易于改变，而甘油二酯油摄入后可以显著改善肠道菌群的种类及丰度，使肠道菌群控制消化代谢的菌群良性增多，保证消化更加健康的同时降低了青少年形成肥胖、血糖易感体质的可能性，因此，甘油二酯油可作为保护青少年人群的新型健康油脂食用。

07 健身人群

健身人群及日常运动量较大人群在运动之中需要大量快速代谢产能，而甘油二酯油被证明在摄入后可以加快体内血糖代谢速率，为健身人群快速供能，有助于力量、速度等运动能力的提升，而且甘油二酯油可以有效调节血糖敏感性，辅助血糖在更长时间内保持在正常的范围，为健身人群持续供能；甘油二酯油也被证明在摄入后可以加快体内血脂代谢速率，因此，甘油二酯油可作为健身人群日常生活的油脂替代油，防止体脂的升高；除此以外，健身人群在运动时及运动后心脏代谢负担较大，而甘油二酯油具有调节心肌功能的营养功效，有助于健身人群运动后的身体机能修复以及提升心肺功能，是健身人群日常健康油脂摄入的不二之选。

附 录

APPENDIX

专家说甘油二酯油

甘油二酯油目前在国际上已有30多年的研究历史，在国内也同样受到了来自医学、营养学等领域众多专家的认可。

以下内容就节选了部分国内知名专家对甘油二酯油的论述和评价，希望通过不同视角，多维度展示甘油二酯油的健康价值和重要研究意义。

孙树侠 欧洲自然科学院院士，中国保健协会食物营养与安全专家委员会名誉会长

传统的甘油三酯是造成人体三高（高血糖、高血压、高血脂）的关键危险因素，改变摄入的食用油种类是降低人体三高的重要举措。甘油二酯油就是新型健康功能性油脂，能够起到降低三高风险的作用。甘油二酯与甘油三酯对比，其优点是能加快脂肪的氧化，使脂肪不在体内积累，这个意义是非常重大的。

油脂科学创新改善全民健康

我国发展的不同阶段，对油脂有不同的认识，起初大家都反对吃动物油，要吃植物油。20世纪90年代随着我国居民油脂摄入量的急剧增加，慢性病也开始出现，现在慢性病已经非常普遍，并严重影响我国居民的健康。

我国城市的成年人超重比例占51%，而北京市有61%成年人超重。肥胖是万病之源，肥胖会增加三高等疾病的发病率，很多慢性病都是因为内脂高以及不良的饮食习惯导致的。营养学的不断修正，油脂科学的创新，改善了国民的健康，促进了科学的进步，加快了食品业的发展，也推动了社会的发展，这是毋庸置疑的。

在脂肪代谢的研究中，油脂业的发展也随着人类健康的需求从理论到技术不断创新，脂代谢研究与应用的发展史也是对油脂健康不断认识与开发的发展史。地中海式饮食，揭示了橄榄油ω-9脂肪酸的作用，意大利南部地区吃较多的鱼类，但意大利北部的居民吃较多的猪肉，所以这些人虽然也是地中海人，但心血管病人较多，因此，当时认为其他动物脂肪和鱼脂肪相比，鱼脂肪更好。

美国的很多饭店里会放一瓶红花油，它是典型的ω-6脂肪酸，他们认为添加ω-6脂肪酸会与动物脂肪平衡，所以会在吃牛排的时候放点红花油，然而心血管病没有降低反而升高了。后来随着对ω-3脂肪酸的深入研究，发现了富含ω-3脂肪酸的油脂能够有效降低血脂水平，预防心脑血管疾病。

油的发展是从动物油、植物油、功能油到现在的甘油二酯油，传统的油脂中甘油三酯占98%，而甘油二酯仅占2%。甘油三酯是造成人体三高的关键危险因素，改变摄入的食用油种类是降低人体三高的重要举措。也就是说，要吃对油，吃好油，降低油脂带来的风险，甘油二酯油就是新型健康功能性油脂，能够降低三高的发生风险。甘油二酯油始于日本，在中国得到发展，也只在中国实现了规模化生产。肥胖人群主张食用亚麻籽油和苏子油，而甘油二酯油有望解决肥胖和慢性病。甘油二酯与甘油三酯对比，其优点是能加快脂肪的氧化，使脂肪不在体内积累，这个意义是非常重大的。

虽然很多人对食疗有看法，认为不要赋予食品过多的诉求，希望食物满足内心的愉悦，而不用过多的考虑食品的健康和功能性。但随着食品技术的发展，有能力赋予食品更多功能性的作用，在满足日常能量、营养的需求时，也会保持人们对食品口感的追求。最后，希望科学创新能够在餐桌革命上起到应有的作用，不断为人们的健康做出更大的贡献。

王旭峰 首都保健营养美食学会会长，中国老年保健协会膳食指导专业委员会主任

甘油二酯油在不改变饮食习惯的条件下调节人体内的基础代谢，增强身体免疫力，预防慢性疾病，是非常适合中老年人群的健康食用油。

甘油二酯食用油：一日三餐呵护中老年健康

中国是人口大国也是老龄化大国，截至2021年，中国60岁以上老年人数量达到了2.6亿，老龄化人口数量在这个基础上还在不断稳定地增加。

随着经济的发展，人民生活水平的提高，生活方式和膳食结构的变化造成老年人患高血压、高血脂、糖尿病、动脉粥样硬化、风湿性关节炎、癌症等慢性疾病的人数逐年增多。2019年，研究数据显示我国患有一种及以上慢性疾病的老年人数量在老年人总人数的比例高达75%，我国老年人慢性病的疾病负担远大于美国、英国、日本等国家。这些慢性疾病不仅影响着老年人身体健康、生活质量，还缩短预期寿命，增加家庭经济负担，是老年人死亡及致残的重要原因。

那是什么原因导致老年人患慢性疾病风险增高呢？

世界卫生组织调查显示，慢性病的发病原因60%取决于个人的生活方式。在生活方式中，膳食不合理就是导致慢性病发生的四大危险因素之一，不合适膳食就包括脂肪摄入过多。市面上常见的食用油主要成分是甘油三酯，含量达98%，过度摄入传统油脂造成甘油三酯在体内内脏组织、皮下组织以及血管中堆积，从而导致肥胖，诱发脂肪肝、糖尿病、高血脂及动脉粥样硬化等慢性病。中国地大物博，饮食文化丰富，很多地区的民众喜欢高油、高盐食物带来的愉悦感。然而，随着物质极大丰富，更容易获得高油食物，已经适应了高油、高盐饮食的中老年人很难改变其原有的饮食习惯，过多的能量摄入造成了肥胖人数和慢性疾病患者逐年增加。因此，控制油脂（甘油三酯）的摄入在一定程度上有助于预防老年人慢性疾病的发生。

甘油三酯与甘油二酯虽只有一字之差，但对人体的作用却大不相同。研究发现，甘油二酯油进入体内消化吸收后不易在肝脏或皮下组织中积累，主要作为能量进行氧化代谢。甘油二酯也是存在于食用油中的天然成分，甘油二酯油在外观、理化性质、油脂口感、营养需求上也与传统的甘油三酯油类似。但由于结构的差异使其在体内代谢方式存在不同，甘油二酯油首先会满足人体对油脂营养素的需求，过多的油脂便会在体内氧化，为身体提供能量，因此，甘油二酯成为了新型的“燃烧型”油脂，具有减重、减脂的作用。

在动物实验和人体实验中均表明，在不改变饮食习惯的条件下，将膳食中的传统甘油三酯油换成甘油二酯油后能显著减少体内脂肪，降低体重。除了有益于中老年人的健康改善，甘油二酯油在预防青少年肥胖，帮助年轻人塑身，以及预防中年肥胖等方面，对不同年龄人群皆具有长远的益处。另外，长期摄入甘油二酯油对改善三高问题，提高糖尿病患者胰岛素灵敏度以及改善心血管疾病等也有一定的帮助。

因此，想要在不改变饮食习惯的条件下来给自己的健康“加油”，甘油二酯油更符合健康膳食的需求。所以，希望甘油二酯油能走进越来越多的中国家庭，为中国人的健康保驾护航。

翟凤英 中国疾病预防控制中心营养与健康所原副所长

近年来研究发现，甘油二酯可以有效降低血脂，减少内脏脂肪，抑制体重的增加，预防冠心病，有效防止动脉血栓的形成，在预防慢性疾病当中，是一个很重要的角色。

甘油二酯油与全生命周期

目前，很多慢性病是长期摄入不健康膳食造成的，包括心脏病、高血压、糖尿病、癌症、骨质增生、前列腺炎、肥胖、高脂血症等，因此，合理调整膳食结构对维持身体健康至关重要。

膳食中的营养维持着人类的生命周期，但长期的营养不良会造成一些慢性疾病，从而影响着生命周期。这里的营养不良不仅指营养不够，还包括体内营养过剩。随着经济水平的发展及食物资源的丰富，营养过剩引起的肥胖诱发了一系列的慢性病。

如何获得一个健康的全生命周期？膳食多样性对身体健康非常重要。世界上没有任何一种食物，能够提供给身体所需要的全部营养素，只有多种多样的食物才能满足身体生长发育的需求。

甘油二酯是天然植物油脂的微量成分，是体内脂代谢过程中内源性的中间产物，是公认比较安全的成分。近年来的研究表明，甘油二酯具有减少内脏脂肪，抑制体重增加，降低血脂等作用，在预防慢性疾病中，是一个很重要的角色。甘油二酯的健康作用之一是调节血脂，降低甘油三酯和胆固醇，预防冠心病，防止动脉血栓的形成。甘油二酯还降低了脂肪酶的活性，用甘油二酯代替甘油三酯，可以增加脂质过氧化，减少肝脏脂肪的积累，降低尿酸，有明显降低体重的功效，还能缓解糖尿病和一些肾病症状。

《动脉粥样硬化》医学杂志报道，油中甘油二酯含量是27.3%，能对高甘油三酯血症的患者起到治疗效果，长期食用对健康有益，具有减少内脏脂肪、降低体重、降血脂等方面的作用，这是甘油二酯油健康作用的科学依据。甘油二酯油的主要成分是天然油脂，在体内消化吸收后具有超强的燃脂力。人体双盲试验实验结果表明，食用甘油二酯油的受试者，体重、BMI、腰围、总脂肪面积、内脏脂肪面积、皮下脂肪面积等指标均明显降低。

制备甘油二酯的原料来自于植物油，与2009年卫生部第18号公告具有实质等同性。这种原料作为食品原料的使用，应该按照公告的甘油二酯油有关内容执行，食品安全指标按照我国现行的GB 2716—2018《食品安全国家标准　植物油》中的规定执行。

油脂是人类健康不可缺少的营养物质，是构成人体神经细胞膜的一个主要成分，也是三大供能营养素之一，面对我国众多超重肥胖和慢性病的患者，甘油二酯油在营养学上有非常大的前景，对于我国慢性病的预防，也会起到非常重要的作用。

左小霞 中国人民解放军总医院第八医学中心
营养科副主任医师

甘油二酯油不仅对心脑血管疾病有很好的预防作用，对减肥也是公认有效，所以被称为脂肪炸弹。

甘油二酯油与健康

俗话说“开门七件事儿，柴米油盐酱醋茶”，油是在其中的。这个油除了提供能量，也可以保护内脏，还可以促进脂溶性维生素的吸收，对神经和大脑的调节有一定作用，可以让食物更加美味，并且有饱腹感，所以说油脂在生活中是必不可少的。

中国人吃油存在哪些问题呢?

众所周知，油在中国居民膳食宝塔上是不可或缺的一部分，但是我国居民吃油确实存在一些问题。首先就是用油量，《中国居民膳食指南（2022）》每天推荐的用油量是25～30克，但是中国疾控曾经做过一个调查，我国居民平均每人每日的用油量在很多地区甚至超过80克，所以说用油量过多，就会引起身体的脂肪过多，导致血脂高或者肥胖等问题的发生。

什么是甘油二酯油，为什么少一酯更健康?

人们平时吃的油就是甘油三酯，是由一分子的甘油和三分子的脂肪酸构成的，二酯少一个脂肪酸，就是有一个脂肪酸被羟基取代以后形成的产物，二酯本来就是体内脂肪代谢中的一个中间产物，所以说它在体内就存在，非常安全，是国际上公认安全的食品。同时甘油二酯油跟甘油三酯油不一样的地方，是因为它不会储存在身体里面，对心脑血管的健康，对降脂、降糖，对肠道菌群都非常有好处。普通的油里也含甘油二酯，只不过甘油二酯含量非常低。而专门制备的甘油二酯油中甘油二酯含量特别高，对健康是很有帮助的，功能在国际上也是公认的。

甘油二酯油为什么对肥胖有很好的干预作用?

甘油二酯油不仅对心脑血管疾病有很好的预防作用，对减肥也是公认非常有用的，因此，日本的专家也把甘油二酯称为脂肪炸弹。甘油二酯油之所以能减肥，控制体重，是因为甘油二酯油中的甘油二酯在体内不会再合成甘油三酯，主要是燃烧能量给身体供能，细胞中的线粒体会把这些脂类分解成能量，相当于给机器加油一样让机体有活力。

甘油二酯油的加工工艺有哪些?

甘油二酯油由于生产后的修饰工艺不同，大体可分为化学加工法和生物加工法。传统的化学加工法整个的化学反应时间比较冗长，需要的有机溶剂化学溶剂较多，这个是食品行业想要避免的。现在的生物法相对来说工艺比较简单，稳定性更高，同时比较绿色和环保，耗能也比较低，所以更受推崇。在生物法中，现在用的比较多的就是脂肪酶解法，这个方法目前来讲是比较先进的，也是较受推崇的生物酶解法。

人到中年代谢能力开始明显下降。

人到中年以后，整个身体就像机器一样有一定磨损，包括消化能力、内分泌、生殖等，基础代谢都在下降，如果这个时候不提高自己的代谢，没有一个健康的生活方式，一些代谢性疾病就会应运而生，例如，血糖高，血压高，尿酸高，血脂高这四高。当然，还会引起肥胖。所以，一定年龄之后，一定要注意饮食的安全，注意保持健康的生活方式。而甘油二酯油就是一种很好的可以改善代谢能力的油脂，也可以预防和改善很多代谢类疾病，对人体健康更有利。

何计国 中国农业大学原食品营养与安全系主任

甘油二酯油能降低患者体重和腰围，减少内脏脂肪面积，有助于减少心室颤动，同时抑制体重增加，且无副作用。

甘油二酯油的消化吸收和代谢

甘油二酯油在预防高血脂、高血糖、肥胖等方面具有显著效果，它的脂肪酸组成与传统甘油三酯相差不大，外观、理化性质也与传统的食用油没有显著的差别。因此，决定甘油二酯油功能性不是脂肪酸比例，而是甘油二酯的结构影响了油脂在体内的消化代谢。

首先来比较一下甘油二酯和甘油三酯体内的消化吸收过程。甘油三酯结构上的1位和3位是α酯键，而2位结构是β酯键，甘油三酯在小肠部位被脂肪酶催化水解α酯键，不水解β酯键。水解后的脂肪酸和*sn*-2-单甘酯是被动吸收的，而被动吸收的速度、吸收率与脂肪酸分子量成反比，这是甘油三酯的消化；*sn*-1，3-甘油二酯都是α酯键，理论上它完全可以被脂肪酶水解成2个游离脂肪酸，但实际情况是水解成*sn*-1-单甘酯和一个游离脂肪酸时便被小肠细胞吸收；*sn*-1，2-甘油二酯，只能形成1个游离脂肪酸和*sn*-2-单甘酯，它的吸收和传统的脂肪吸收是一样的，在胆汁的帮助下，穿过细胞膜以后，重新在肠黏膜细胞里形成甘油三酯。

甘油三酯摄入4小时后，血脂达到最高水平，血糖在餐后2小时后达到顶点，胰岛素在此时也最高，这说明脂肪的吸收跟糖的吸收速率和途径不同。脂肪酸一部分通过门静脉进入血液，另一部分以乳糜微粒的方式进了淋巴，在锁骨下静脉进入到血液。单甘酯进入肠黏膜细胞以后，在单酰基甘油酰基转移酶和二酰基甘油酰基转移酶的作用下将脂肪酸与单甘酯结合重新合成甘油三酯。单酰基甘油酰基转移酶和二酰基甘油酰基转移酶对*sn*-1-单甘酯催化效率很低，因此，*sn*-1，3-甘油二酯消化吸收后重新合成甘油三酯速率很低。研究表明，摄入甘油二酯油后游离脂肪酸在门静脉的水平比摄入甘油三酯后更高，而在颈静脉的水平与传统的甘油三酯是类似的，这个结果也证实了摄入甘油二酯油后在体内再次合成甘油三酯的量非常少，大部分游离脂肪酸没有形成甘油三酯，而是通过门静脉进了血液。

脂肪代谢的第一步是将脂肪酸与甘油分子分开，这个过程称为脂肪动员，而动员催化的酶是限速酶，这个酶的活力受一些因素影响，比如肾上腺素、胰高血糖素等，可以提升限速酶的活力，而胰岛素则会使限速酶的活力降低，这种限速酶称为激素敏感酶。因此，限速酶的活力受到血糖的影响。血糖较低时，胰高血糖素分泌量增加使限速酶活力增加，但高血糖时胰岛素降低限速酶活力。脂肪动员这一步对于体内脂肪代谢至关重要，它限制了脂肪被水解作为能量来源。*sn*-1，3-甘油二酯吸收后由于再次合成甘油三酯的速率很低，游离脂肪酸可以不经过脂肪动员过程进入细胞线粒体进行氧化，释放热量，分解成水和二氧化碳。因此，*sn*-1，3-甘油二酯相对于甘油三酯来说难以在体内储存，消化吸收后参与能量代谢，这也就是甘油二酯油成为一种健康油脂，能够降低体内血脂，具有减重、减脂功效的原理。

杨勤兵 清华大学附属北京清华长庚医院营养科主任

甘油二酯对2型糖尿病的直接作用是调节血糖水平，间接作用是改善肥胖、心血管因素，助力血糖控制。

2 型糖尿病健康用油新选择：甘油二酯食用油

我国糖尿病的发病率和死亡率较高，尤其是2型糖尿病患者向年轻化发展。糖尿病因早期没有明显症状容易被忽略，其发病原因主要与遗传和生活方式有关。研究发现2型糖尿病患者主要是肥胖或超重人群，因此，减脂、减重对于改善2型糖尿病是非常重要的。营养干预是糖尿病患者重要的控制方式，营养干预时，严格控制碳水化合物、脂肪的摄入量和质量，既达到维持理想体重又满足不同情况下的营养需求。

过量的脂肪会降低机体对胰岛素的敏感性，导致糖代谢异常和胰岛素抵抗。此外，血液中甘油三酯长期处于较高水平，则会导致甘油三酯在胰岛细胞内累积并损伤其功能。脂肪酸类型对2型糖尿病也有显著的影响，饱和脂肪酸和反式脂肪酸会增加2型糖尿病的发病风险，而单不饱和脂肪酸和多不饱和脂肪酸的摄入可以降低2型糖尿病的发生，因此，要合理控制饱和脂肪酸和反式脂肪酸的摄入，适当增加多不饱和脂肪酸和单不饱和脂肪酸摄入。

甘油三酯和甘油二酯对人体代谢及对人体健康的影响具有较大的差异。甘油三酯消化吸收后可以在体内重新快速合成，过量摄入甘油三酯后会造成血脂升高，体脂增加，进而引起各类慢性疾病，如心血管疾病、肥胖等；甘油二酯在体内重新合成甘油三酯速率较慢，脂肪酸只进行能量代谢而不在体内囤积，从源头上遏制了肥胖和各类慢性疾病的发生与发展。甘油二酯对2型糖尿病胰岛素敏感性具有改善作用，在甘油二酯对改善2型糖尿病敏感性的一项随机、双盲的长期控制实验中，甘油二酯组的受试者在60天时，空腹血糖从7.4毫摩尔/升下降到7.06毫摩尔/升，在120天时，能够一直维持一个较低的水平，而甘油三酯组受试者的血糖到60天时，水平略有升高，这是因为甘油三酯没有降低血糖的作用，到120天时，血糖仍保持较高水平。

在甘油二酯对合并高脂血症的2型糖尿病患者血糖代谢的影响实验中，与甘油三酯相比，甘油二酯抑制餐后血糖浓度的上升，降低胰岛素的浓度，并且降低胰岛素抵抗指数。在对合并高脂血症的2型糖尿病受试者血脂指标影响的研究中，与甘油三酯组相比，甘油二酯组血清甘油三酯浓度显著降低，高密度脂蛋白的浓度显著升高，低密度脂蛋白颗粒显著降低。因此，甘油二酯对改善2型糖尿病是非常有利的。

在研究甘油二酯和甘油三酯餐后指标变化的实验中，对日本13名健康成年男性进行随机、双盲实验，实验结果表明，甘油二酯组进食半小时后，血清胰岛素浓度显著低于甘油三酯组，在4小时内仍保持一个较低的水平，且与甘油三酯组差别比较显著。在甘油二酯对糖尿病患者减重效果的影响上，与甘油三酯组相比，甘油二酯组受试者的体重、BMI和腰围以及舒张压均显著降低。

甘油二酯能够改善2型糖尿病患者血糖及其代谢。甘油二酯通过降低血糖以及对胰岛素抵抗的改善，可直接调节血糖水平；并通过对体重、BMI、腰围、舒张压和血清甘油三酯的改善，对高密度脂蛋白和低密度脂蛋白含量及蛋白颗粒大小的调控，间接改善肥胖、心血管等因素，助力血糖控制。

钮文异 北京大学医学部公共卫生学院教授

甘油二酯油能有效降低患者体重、体脂、腰围，减少内脏脂肪面积，改善心血管健康，有助于身体健康。

甘油二酯油：心血管健康管理的“新抓手”

心脑血管疾病作为目前我国居民的首要死因，对人们的健康构成了严重威胁，与部分国家心脑血管的死亡率相比，我国心脑血管的死亡率较高，且有逐年上升的趋势。可以通过以下步骤探究造成心血管慢性疾病的原因并进行健康干预。第1步，进行信息的搜集，健康信息的采集和管理；第2步，做健康评估，做健康风险的分类和分层；第3步，进行健康的干预，通过健康指导、健康教育、行为干预等方式进行干预。

①信息搜集：慢性病的病因链，实际上是指各种社会、经济、文化、政治、环境等因素，它作为整个根本性的社会决定因素会影响可改变的危险因素，包括不健康的饮食、较少的体力活动和吸烟等一些危险因素，还有一些不可改变的危险因素如年龄、性别、遗传等。中间的危险因素包括高血压、高血糖、血脂异常，还包括超重、肥胖导致的心脏病、卒中、肿瘤、慢性呼吸性系统的疾病、慢阻肺等。

②健康风险评估：风险评估后，进行分类和分层，中间危险因素和可改变的一

些危险因素，经过细化以后，会进一步分类，包括现状、慢病危险程度等，通过这些细化才能分类管理，分类指导。

③健康干预：包括膳食干预、运动、心理、控烟限酒等生活方式的干预。在医疗指导方面，临床营养师会在饮食上严格干预；在健康教育方面，建立健康教育的知识库，把健康指导信息进行适当推送，用不同的推送形式、手段最终达到症状、指标的改变，还有生活方式的改变，从而发生有利于健康的转变。不良生活方式是心脑血管疾病流行的根本原因，膳食不合理和身体活动不足，是全世界面临的最大的健康风险因素。膳食行为的培养、干预非常重要，健康的饮食习惯会让更多的人获得健康。

高血压、吸烟、高脂高盐饮食是造成国人死亡的三大危险因素，美国心脏协会发表科学声明：心脏健康需要生命八要素，即饮食、身体活动、戒烟和睡眠四个健康行为，体重正常、正常血脂、正常血糖、正常血压四个健康因素。健康因素如体重、血糖、血压，从膳食不合理因素的干预，看到有减量与增益两个不同的方向。对改善体重、体脂、血脂、血糖、血压等因素都有益处，是专家们的努力方向与共识之一。国内外对甘油二酯油的开发研究及利用为防控慢性病，改善三高的体重、体脂、血脂、血糖、血压等指标，带来了一个新的思路和可能性。甘油二酯油能降低患者体重、体脂、腰围，减少内脏脂肪面积等，有助于身体健康，可以推荐作为三高人群的膳食内容。

丽　英　北京大学第一医院主任医师

研究表明，甘油二酯能提高抗炎因子含量，可改善溃疡性肠炎，促进溃疡性结肠组织发育，调节免疫紊乱，提高人体免疫力。

甘油二酯与免疫力

下文将探讨三方面的内容：一是人体免疫的组成，二是甘油二酯的定义，三是甘油二酯与免疫力的关系。

1. 人体免疫的组成

西方医学之父希波克拉底说：“每个人身体里都住着一位医生，我们只需要唤醒并协助他工作就可以了，因为人体最强大的康复力量是自身的免疫力和自愈力。”换句话说，每个人来到这个世界是带着医生来的，因为身体有强大的免疫力，使人类能够生存，并繁衍至今。

人体的免疫力主要包括两方面。一是它能敏感地识别自己；二是它能够识别外来有害的成分，并进行排斥，同时保护自己。人体免疫系统的组成有免疫器官、免疫细胞还有免疫分子。

①免疫器官：包含中枢免疫器官和外周免疫器官。中枢免疫器官有骨髓和胸腺。骨髓是所有血液细胞的发源地、生态基地，包括红细胞、血小板、免疫细胞。

胸腺器官有一个特点，就是胚胎时期，即出生的早期时功能很强大，随着年龄的增长逐渐有退化的趋势。外周的免疫器官有淋巴结、脾脏、有黏膜的淋巴组织。外周的免疫器官组织起到了一个在边疆站岗放哨的作用和功能，及时发现外来有害物质的侵略。

②免疫细胞：分为固有的免疫细胞和适应性的免疫细胞。固有的免疫细胞，如吞噬细胞、巨噬细胞，能够吞噬并且消化掉外来的一些有害的微生物或者物质，发现哪里有问题，很快就到达该处去消灭外来侵略者；还有NK细胞自然杀伤细胞，它有免疫识别作用，对体内衰老的变异基因细胞、有肿瘤倾向的细胞，有很好的识别和杀伤功能；嗜酸性粒细胞对外来的大型侵略者，比如寄生虫，巨噬细胞和吞噬细胞没有能力吞噬，嗜酸性粒细胞会产生酶等物质来对付寄生虫，所以固有免疫细胞具有的是一些泛泛的功能。而适应性免疫细胞包括T淋巴细胞和B淋巴细胞两种，它们就有很强的特异功能，都由免疫器官产生，然后执行着不同的功能。

③免疫分子，它往往是由免疫器官和免疫细胞所产生的具有特异性的物质，包括免疫球蛋白、因子和补体等。

强大的免疫系统有三大功能：一是免疫防御功能，像哨兵一样及时发现外来入侵略者，并吞噬、消灭它；二是免疫监视功能，例如，NK细胞能及时识别和清除体内发生突变的肿瘤细胞以及自身代谢产生的一些衰老、死亡的细胞；三是维稳功能，即让免疫功能处于一个稳定状态，不能过强也不能过弱，不然会出现内分泌紊乱、过敏等自身免疫性疾病，严重的情况下容易感染。典型的免疫性相关疾病为艾滋病、感冒、红斑狼疮、类风湿性关节炎等疾病。

既然免疫系统这么重要，就希望有一种方法或有一种物质来提升免疫力从而增强人体抵抗力。

2. 甘油二酯是什么

甘油三酯是日常食用油的主要成分，含量占到98%。甘油二酯是存在于食用油中的天然成分，含量不到2%。甘油二酯是甘油三酯中一个脂肪酸被羟基取代的结构脂质，甘油二酯油在结构上比甘油三酯少一个脂肪酸链。甘油二酯油在体内除了提供必需的营养物质外，主要就用于氧化供能，其代谢特点有别于甘油三酯，甘油三酯主要在体内存积，过多的甘油三酯会造成体脂、体重增加，体内血脂升高。

甘油二酯是天然油脂的微量成分，也是体内脂肪消化的内源中间产物，是公认安全的食品成分。甘油二酯的临床试验、动物实验经过30多年的研究，已经有明确的结论，例如，它能增强机体对胰岛素的敏感性，降低胰岛素抵抗，能减肥，还有控制血压、血糖、血脂等功能，效果都非常明确。现在面临的新冠病毒或是流感病毒，尤其要重视易感人群及慢性基础病人群，在使用甘油二酯油后，可间接性改善和提升免疫力。

3. 甘油二酯与免疫力的关系

（1）甘油二酯具有体内外抑菌效果　研究表明，甘油二酯较易乳化，利于吸收，可用作经肠吸收营养剂，用于加强吸收功能不全及手术后患者的营养。研究得出，甘油二酯具有一定的抑菌作用，能有效抑制大肠埃希氏菌、使牛奶酸败的菌等有害菌的生长。

（2）甘油二酯与肠道免疫　肠道不仅具有消化吸收功能，还是人体中最大的免疫器官，拥有2/3的免疫组织和免疫细胞。肠黏膜自身的结构和功能，以及内部大量的有益微生物，构成了强大的肠道黏膜屏障系统。肠道发生炎症或菌群紊乱时，会导致身体出现各种问题，对机体的免疫力产生影响。

研究表明，甘油二酯与壳聚糖联合可降低小鼠结肠炎炎症反应，降低肠道炎症因子水平，可改善溃疡性结肠炎小鼠生理指标，促进溃疡性结肠炎小鼠结肠组织发育，具有交互协同修复治疗作用，可调节免疫紊乱，修复溃疡性肠炎。

动物实验数据表明甘油二酯为肠黏膜提供能量，促进肠黏膜恢复，能有效改善慢性肠炎。此外，甘油二酯可以从改善肠道菌群方面来提高机体免疫力，改善肠道功能，非常期待甘油二酯更多的实验结果。

艾　华　北京大学第三医院运动营养学博士生导师

甘油二酯对骨骼结构和骨代谢具有增益作用。

甘油二酯油与肌肉骨骼健康

根据二酯油代谢相关文献，甘油二酯油很可能在有氧运动的能量代谢中发挥着重要作用，以下将从四个部分论述。

1．甘油二酯代谢有利于有氧运动

根据*sn*-1，3-甘油二酯与常见食用油甘油三酯在体内代谢过程的不同，可知*sn*-1，3-甘油二酯经小肠中的脂肪酶水解成游离脂肪酸和*sn*-1-单甘酯，在小肠上皮细胞中无法再次酯化成甘油三酯。大部分的单甘酯和脂肪酸通过血液直接进入肝脏或其他组织，包括脂肪组织、骨骼肌等部位中直接氧化作为能量被消耗，所以甘油二酯油消化吸收后除了满足日常人体所需的营养素以外，多余脂肪酸和单甘酯不会在体内储留。但有氧运动时，体内消耗的大部分能量主要来自于脂肪酸的氧化，不同于体脂脂肪动员过程的复杂性，甘油二酯体内吸收后可直接进行氧化供能，节省体内糖原消耗，不容易产生运动疲劳。因此，运动基础不好、甘油三酯脂肪动员能力比较差的人摄入甘油二酯后再进行有氧运动非常有利。

2. 运动对骨骼肌内甘油二酯的作用

有实验研究了三组人群（肥胖人群、2型糖尿病人群、久坐不动人群）经过16周中等强度运动后对体内骨骼肌细胞的影响。16周训练期间所有人群摄入等量的甘油二酯，结果显示经16周训练后骨骼肌细胞内的甘油二酯减少了29%，甘油三酯增加了21%，琥珀酸脱氢酶、糖原含量及毛细血管密度等指标增加。三组人群在摄入甘油二酯的同时体内骨骼肌细胞中甘油二酯的含量是下降的，这说明甘油二酯在有氧训练中可能被大量消耗，在运动中是一个很重要的能量来源，优于甘油三酯被氧化供能。另一个实验测定了不同人群中（久坐肥胖人群、2型糖尿病患者、瘦体型的耐力型运动员）细胞膜中甘油二酯的相对含量。结果显示运动员组的骨骼肌细胞膜中甘油二酯的量最少，说明了甘油二酯与细胞膜、线粒体膜有关，因为骨骼肌细胞很长，细胞膜是经常收缩的，所以它的细胞膜和线粒体膜几乎是连着的，说明甘油二酯存在于细胞膜和线粒体周边为运动提供能量。

3. 甘油二酯对骨骼的影响

动物实验结果显示，甘油二酯能显著降低小鼠体重，改善骨密度及骨的微结构，提高骨代谢的一些生化指标活性。相较于甘油三酯，长期摄入甘油二酯有利于改善骨骼的健康状态。

4. 讨论和总结

①甘油二酯（*sn*-1，3-甘油二酯）的分子结构和空间特性决定了其代谢特点，能够快速氧化分解供能，有望成为运动营养的能量补给。

②甘油二酯在运动以及肌肉和骨骼肌健康方面还需更深入的研究，有望生产出更多有利于健康的不同类型（包括运动营养）的产品。

吕　利　中国人民解放军总医院第三医学中心
原营养科主任

甘油二酯通过引起一系列钙离子通道生理效应来调节血压的增高。同时，甘油二酯通过无热量囤积，抑制内脏及身体脂肪增加，达到调节高甘油三酯血症，调节高血压的目的。

营养干预与高血压和肠炎

原发性高血压是血管疾病中常见的多发病，是公认的心脑血管疾病的高危因素。动脉血压升高与血液中甘油三酯水平升高，碳水化合物和胰岛素代谢异常，以及肥胖等因素有关，导致了不可逆的动脉硬化。在高甘油三酯血症的原发性高血压的防治上，非药物防治受到日益增多的关注，不论是在一级预防还是临床治疗中，合理调整膳食营养是预防高血压的关键举措。此外，膳食摄入与肠道健康息息相关，不合理膳食会诱发慢性肠炎的发生。因此，健康的营养膳食对预防高血压和肠炎至关重要。

当前合理调整膳食遇到的难题和相关研究如下。

1．医学营养的治疗餐出院后难再坚持

医学营养治疗餐，一般在出院后很难再坚持。例如病人住院后，第一是护理医嘱解决护理问题，第二就是饮食医嘱，除了普通的饮食，最重要的就是治疗饮食。

治疗饮食中，高甘油三酯血症一定要对症饮食，即标准化的强制治疗饮食。高甘油三酯的终点指标包括体重和甘油三酯水平，很多病人血脂、血压、体重较高，临床营养治疗完全可以在短期内甚至在一段较长时间内达标，但很少有出院患者在日常生活中继续自觉坚持这种治疗饮食。

2. 治疗餐的治疗性与美味难以相合

通过对膳食的营养成分分析，发现脂肪、碳水化合物和总热量都在合理范围内，食谱的营养性原则和治疗性原则没有变，但是治疗餐滋味非常寡淡。因为每一天每一顿都要保证良好的营养，世上没有哪一种食物包括所有的营养物质，一天需要近50种食物来补充，这就是医学营养研究的难题。

3. 医学营养难题的研究进展

甘油二酯降低高血脂、高血压的研究进展：①调节钙离子通道改变血压水平；②降低体内脂肪积累，抑制内脏脂肪及体脂的积累，降低体重，调节高血压；③降低血脂水平，甘油二酯在体内不易再次合成甘油三酯，甘油三酯在血液中的水平降低，即血脂水平降低。日常膳食摄入甘油二酯能显著降低体内血脂水平，从而降低了患高血压疾病风险。文献研究比较了两种烹调油（甘油三酯和甘油二酯）营养治疗方法的对比。高血压和高甘油三酯血症患者使用传统烹调油时要刻意控制体重，严格限制油的摄入；而使用甘油二酯烹调油不会引起体脂积累，可以不用限制油的摄入量。在低盐低钠的治疗餐中也要严格限制传统烹调油的使用，但甘油二酯油不会引起血脂水平升高。另外，对于高脂蛋白血症的烹调油用量，传统烹调油是要精准限量的，而甘油二酯油就可以不限量。此外，由于限制了传统食用油的摄入，需要额外补充铁和脂溶性维生素，而摄入甘油二酯油完全可以满足日常所需的脂溶性微量营养元素，因此，食用甘油二酯可以实现饮食自由。

4. 临床溃疡性结肠炎的营养治疗难题

临床溃疡性结肠炎的营养治疗难题是溃结能治愈但疗效缓慢。近年来研究发现甘油二酯对溃疡性结肠炎的愈合有促进作用。研究报道了甘油二酯与抗菌肽联合应用治疗溃疡性结肠炎的影响，统计学结果发现所有经过甘油二酯营养干预后老鼠的体重、活动指数评分、肠道组织的形态、黏膜的长短、绒毛的长短、眼窝的大小、白细胞介素、抗肿瘤坏死因子等指标明显改善。因此，日常膳食摄入甘油二酯对预防肠道炎症及溃疡性结肠炎的愈合有积极促进作用。最后，希望和大家一起在营养防治和康复中找到更多营养治疗方案，让营养治疗的效果更精准快速，让营养治疗因为美味更易坚持。

朱　毅 中国农业大学博士生导师

研究表明，由于甘油二酯代谢速度快，能降低身体的脂肪积累，维持健康体重，对体重控制，降血脂，降血糖，降血压有很好的作用。同时，生物酶法制造的甘油二酯食用油比化学法制造的甘油二酯食用油更加安全。

科普甘油二酯，助力大健康

甘油二酯最早的研究发现其不易在体内积累。相较于传统食用油，甘油二酯油的氧化代谢速率更快，因此被称为减脂油。甘油二酯油的发展始于日本，花王公司开始了甘油二酯油的产业化。日本有立法规定，男性腰围不能超过85厘米，女性不能超过90厘米。如果腰围超出规定范围，根据超出范围程度进行批评教育或者罚款等惩罚。在这种背景下，甘油二酯作为新型减脂油受到日本民众的欢迎。花王公司围绕着甘油二酯开发的一系列商品，均成功推入了市场。

目前，甘油二酯有三种制备方法，即化学合成法、生物酶法和微生物法。暨南大学汪勇通过生物酶法催化制备甘油二酯油，制备过程绿色安全，未添加有机溶剂，采用酶高效催化制备甘油二酯油，过程中无有机溶剂残留风险，实现了甘油二酯油的量产。

研究表明，甘油二酯不仅能够抑制餐后血脂升高，也能显著降低体内空腹血脂水平，控制体重增加。2型糖尿病、高血压患者摄入甘油二酯后，血脂水平明显下降。有很多科研论文也佐证了甘油二酯对高血压、高血脂、肥胖的患者改善效果较好，具有无病防病，有病缓解的效果。这些实验不管是动物身上的还是人身上进行的，对于科学认识甘油二酯油的营养功能价值，都是往前进了一步，探索了甘油二酯油对人类健康的作用，对消费者认识甘油二酯油的益处也很有意义。

甘油二酯油的安全性评价研究已经很成熟了，日本很早就将甘油二酯油放在安全名录里面，我国也列为新资源食品，特别苛刻的欧盟也给了通行证。2021年7月，国家卫健委的新食品原料终止审查目录里面就有了甘油二酯油的身影，将甘油二酯油作为一种新食品原料，有望在功能性食品和特医食品产业里面，大放异彩。2021年6月，中国老年医学学会制定了关于适用于老年人食用植物油甘油二酯油的团体标准T/GGSS 020—2021《适老食用植物油　甘油二酯油》，现在一直在做更年期女性的膳食干预，甘油二酯油也应该引入更年期女性的日常膳食中。

姜　慧 北京联合大学餐饮管理系主任

与甘油三酯相比，甘油二酯更有利于减轻体重，减少内脏的脂肪面积，帮助保持健康体重，更符合中国人对食用油健康追求。

健康减肥，享“瘦”生活

常言道“病从口入”，很多慢性疾病都与膳食平衡失调有关，而肥胖主要是摄入的脂肪和碳水化合物过剩引起的。研究表明，中国肥胖人口数世界第一，高达总人口的12%。中国的肥胖特点第一是男性肥胖较多；第二就是青少年儿童超重和肥胖增长速率非常快。

造成超重和肥胖因素有哪些呢？①遗传因素：遗传因素引起的肥胖占比20~40%；②环境和社会因素：包括饮食习惯、饮食理念、健康理念等等，这是造成肥胖的主要因素。因此，预防肥胖就要科学改变膳食模式，根据膳食管理的原则：第一是合理控制总能量，即控制食量；第二是合理选择食物，可根据膳食宝塔的原则来选；第三是合理安排餐次，尽量少食多餐，达到一个自然缩胃的过程。

油脂是人体代谢必需的营养素，油脂在体内堆积造成了超重或肥胖。摄入油脂应遵循下列三个原则。①少吃固体油脂，含饱和脂肪酸比较多，容易导致三高。②液体油脂，即植物油，要混着吃。③特殊油脂（功能性油脂）要多吃，它在一定程度上可以预防慢性疾病，长期摄入有益于身体健康。

甘油二酯油的主要成分是甘油二酯，含量在40%以上，它在体内既发挥了传统油脂的营养特点，在体内又不易囤积，直接进行能量代谢，具有减脂、减重的作用，减缓肥胖。甘油二酯食用油和普通的甘油三酯食用油在理化性质、营养特点及口感相似，主要的区别是：①结构不同，甘油分子结构上少了一个脂肪酸链；②结构的区别导致代谢过程不同。普通的食用油在肠道水解吸收后会再次合成甘油三酯，过多的甘油三酯囤积在体内，从而引发肥胖、动脉硬化、三高、非酒精性脂肪肝等疾病。而甘油二酯食用油的甘油二酯在体内再次合成甘油三酯速率很慢，多余的油脂会直接氧化作为能量来源。研究表明，当食用油中甘油二酯的含量超过27.3%，能有效抑制体重增加，降低内脏脂肪的面积以及降低血脂指标。动物实验也得到了类似的结果，对小鼠进行4周的喂养，甘油二酯油饮食的小鼠体重显著降低，空腹血糖和血脂降低，肠道菌群丰度和多样性增加，代谢紊乱得到调节。通过一系列的人体与动物实验证实了甘油二酯是能够减重、减脂的功能性油脂。131名超重受试者摄入甘油二酯油24周，腹部脂肪平均下降了38平方厘米，是传统食用油组下降量的2.2倍。38名健康的男性进行16周甘油二酯油摄入，相比于甘油三酯，甘油二酯油组体重平均降低了3.6%，是普通食用油组的2.4倍；脂肪面积降低了3.5%，是普通食用油组的2.3倍。

新型的健康甘油二酯油，不仅可以带来食物的愉悦感，还能减轻对体重增加的负担。通过调整饮食、食用油的种类，在不节食的情况下减脂减重，降低由肥胖带来的疾病风险。在享受美食的同时，保持健康的体格。所以，甘油二酯油是健康的油，为了健康，要科学用油，选好油，为身体的健康加“油”！

李 伟 中国老年保健协会膳食指导专业委员会副主任

膳食甘油二酯油能促进肠道脂代谢水平，增加脂肪酸在肠道细胞的β-氧化和产能，并提高肠道中的有益菌数量。

膳食甘油二酯与肠道健康的初探

中国人对油脂摄入具有独特的情结，中国的传统饮食文化博大精深，有八大菜系和各种烹饪方法，中餐美味有一个重要原因，就是食物里面油脂比较丰富，中国人更习惯于应用一些煎炸、炒制的方法，这些烹调方法易导致摄入油脂过量的问题。很多人出去就餐会有这样的感受，油脂含量高时菜肴就会很香，但是过多的摄入油脂会对健康造成一定危害。《中国居民膳食指南（2022）》推荐每人每天的烹调用油25～30克，这个值在2002年的时候已经超过了40克，而且这还是一个平均值，如果比较喜欢吃一些肥甘厚味，这个值可能还要更高。过多的油脂摄入带来了身体的脂代谢压力，过量的油脂存积在体内，增加体脂，不仅影响体型，还会造成一系列的代谢相关疾病，如高血脂、2型糖尿病、动脉粥样硬化等。

甘油二酯本身就是食用油里面的一个成分。它的天然属性就决定了，首先它是非常安全的，其次在感官风味、加工适应性等方面跟普通的油脂没有差异。膳食甘油二酯能改善体内血脂异常、代谢性疾病等。接下来初步探讨一下甘油二酯和肠道健康的关系。

肠道是营养物质进入体内的门户，不仅要吸收食物中的营养元素，同时也要阻挡肠道中的毒素、未消化物质及病原微生物等进入体内。肠道会分泌大量神经递质，并且有一套自主的神经系统，可以通过神经系统，跟大脑进行一些信息交换，因此，肠道被认为是人体的第二大脑。肠道拥有身体最大的微生态系统，其菌群数量是人体的体细胞数量的10倍，发挥着重要的营养功能及生物屏障功能。

膳食甘油二酯同样是要通过肠道进入到人体，在这个过程中膳食甘油二酯会对肠道有着什么样的影响？传统的甘油三酯是一个甘油分子连接三条脂肪酸链，在小肠胰酶的作用下水解成脂肪酸和*sn*-2-单甘酯，被小肠黏膜细胞吸收后在单酰基甘油酰基转移酶和二酰基甘油酰基转移酶作用下重新合成甘油三酯，它就会跟一些载脂蛋白还有一些固醇类的物质一起形成乳糜微粒，经过血液和淋巴的转运到达肝脏，多余的脂肪就会积蓄在内脏或皮下组织中。膳食中甘油三酯摄入过多就会导致超量，超过了肝脏的代谢能力有可能造成脂肪肝，血液中甘油三酯含量过高就会造成人体高血脂。

sn-1，3-甘油二酯在小肠脂肪酶作用下水解为脂肪酸和*sn*-1-单甘酯，被肠上皮细胞吸收。单酰基甘油酰基转移酶和二酰基甘油酰基转移酶对*sn*-1-单甘酯亲和作用低，所以甘油二酯消化后重新组装甘油三酯的过程出现了异常，导致脂肪酸在小肠黏膜上皮细胞的蓄积，停留的时间会比较长。脂肪酸在小肠黏膜上皮细胞、线粒体可以进行β-氧化，提供充足的能量，这一点对肠道健康非常重要。因为很多肠道炎症性疾病都存在小肠黏膜上皮细胞能量不足、修复困难的问题，这也给小肠黏膜细胞炎症性疾病的黏膜修复提供了一个新的思路。

研究表明，甘油二酯可上调与小肠脂肪酸运输、β-氧化和产热相关蛋白转录水平；并提高肠道脂肪酸β-氧化酶活性。因此，膳食甘油二酯上调了肠道脂代谢水平，增加了脂肪酸在肠道细胞的β-氧化和产能。这就说明，甘油二酯摄入之后，为小肠黏膜上皮提供充足的能量，改善了肠黏膜上皮细胞的能量供应不足。

炎症性肠疾病（IBD）以前在中国不算高发疾病，在欧美、新加坡等地发病率比较高。它与婴幼儿早期的免疫耐受不完全有关，近年来，IBD在我国的发病率也直线上升。一些IBD患者会出现肠黏膜上皮细胞屏障功能的紊乱，主要原因跟能量代谢不足有关，如果能改善肠道黏膜上皮细胞的能量代谢，就可以缓解炎症性肠病的严重性，可以减少复发，为炎症性肠病的治疗提供了一个新的思路。国内的一个课题组研究膳食甘油二酯对IBD动物黏膜修复作用，发现联合甘油二酯与维生素K_1，可以显著减少溃疡性结肠炎小鼠肠道相关的一些炎性细胞因子；能显著促进溃疡性结肠炎动物肠道黏膜的修复和发育。

另外，这个课题组还发现甘油二酯和维生素D_3联合治疗IBD小鼠，甘油二酯不仅可修复小鼠小肠黏膜上皮组织，甘油二酯和维生素D_3还可以促进肠道菌群的丰度和多样性。肠道的菌群里面有有益菌、有害菌，还有一些中粒细菌，通过体外研究发现，膳食甘油二酯可能会通过抑制相关的一些有害菌，促进肠道益生菌，如乳酸菌、双歧杆菌等的增加来改善肠道健康问题。研究发现，肠道双歧杆菌数量随着年龄的增加而下降，2021年暨南大学汪勇课题组发现甘油二酯显著促进了衰老大鼠肠道的韦荣氏球菌和艾斯伯格菌。韦荣氏球菌在促进肠道黏膜屏障修复的过程中有着重要的作用；艾斯伯格菌与肠道炎症反应以及酯代谢有着密切的关系。通过这项研究，证明甘油二酯在改善衰老动物肠道菌群中有着很重要的作用。

[1] 毕艳兰. 油脂化学 [M]. 北京: 中国轻工业出版社, 2023: 1–2.

[2] 陈刚. 中国油料油脂供求现状及趋势预测 [C]. 国际谷物科技与面包大会暨国际油料与油脂发展论坛, 2012.

[3] 周振亚. 中国植物油产业发展战略研究 [D]. 北京: 中国农业科学院, 2012.

[4] Ford E S, Giles W H, Dietz W H. Prevalence of the metabolic syndrome among US adults: findings from the third National Health and Nutrition Examination Survey [J]. JAMA, 2002, 287 (3): 356–359.

[5] 吴育红, 张爱珍. 甘油二酯对脂代谢的影响及其可能机制 [J]. 浙江医学, 2005, 27 (4): 309–312.

[6] 王志宏, 孙静, 王惠君等. 中国居民膳食结构的变迁与营养干预策略发展 [J]. 营养学报, 2019, 41 (5): 427–432.

[7] 顾景范.《中国居民营养与慢性病状况报告 (2015)》解读 [J]. 营养学报, 2016, 38 (6): 525–529.

[8] 李双双, 刘晓见, 李艳娜. 中国专用油脂的现状与发展趋势 [J]. 食品科技, 2004, (2): 1–4.

[9] Wylie–Rosett J. Fat substitutes and health: an advisory from the Nutrition Committee of the American Heart Association [J]. Circulation, 2002, 105 (23): 2800–2804.

[10] 王瑞元. 国内外食用油市场的现状与发展趋势 [J]. 中国油脂, 2011, 36 (6): 6.

[11] 马云倩, 李淞淋. 营养视角下中国近 60 年来居民食用植物油消费状况研究 [J]. 中国油脂, 2020, 45 (2): 3–9.

[12] 余顺波, 陈长艳, 张品等. 11种食用植物油的脂肪酸组成及主要营养成分含量 [J]. 贵州农业科学, 2022, 50 (7): 8.

[13] 吴晶晶, 郎春秀, 王伏林等. 我国食用植物油的生产开发现状及其脂肪酸组成改良进展

[J]. 中国油脂, 2020, 45 (5): 7.

[14] 李杰. 大豆油煎炸过程中特征理化指标的变化研究 [D]. 成都: 四川农业大学, 2016.

[15] 谢贺. 棕榈基人造奶油脂肪结晶行为与宏观物理性质研究 [D]. 广州: 华南理工大学, 2012.

[16] 夏欣. 茶油特征香气成分和营养物质组成研究 [D]. 南昌: 南昌大学, 2015.

[17] 姚磊. 花生油特征香气成分和营养物质组成的研究 [D]. 南昌: 南昌大学, 2016.

[18] 宋晓寒, 王会. 玉米油的营养功能及提取工艺 [J]. 食品安全导刊, 2018, (21): 2.

[19] 张岩, 纪俊敏, 侯利霞等. 不同热处理葵花籽方式对葵花籽油品质的影响 [J]. 中国调味品, 2022, 47 (5): 10.

[20] 冯小刚, 骆文进, 王丽英. 山茶油脂肪酸组成及微量活性物质测定 [J]. 粮食与油脂, 2021, 34 (12): 61–65.

[21] 马玉. 橄榄油对OVA诱导小鼠食物过敏的干预作用及调控机制研究 [D]. 厦门: 集美大学, 2021.

[22] 王枫. 降血脂保健品——各种功能性油脂膳食纤维 [J]. 家庭医学. 新健康, 2006, (12): 13–14.

[23] 蒲凤琳, 孙伟峰, 车振明. 功能性油脂研究与开发进展 [J]. 粮食与油脂, 2016, 29 (08): 5–8.

[24] 蒋加拉. 微生物油脂菌株筛选及发酵条件优化 [D]. 长沙: 湖南农业大学, 2010.

[25] 高洪乐. 食用油加工现状及问题分析 [J]. 食品安全导刊, 2022, (01): 54–56.

[26] Ahmed S T, Islam M M, Bostami A R, et al. Meat composition, fatty acid profile and oxidative stability of meat from broilers supplemented with pomegranate (*Punica granatum* L.) by-products [J]. Food Chemistry, 2015, 188: 481-488.

[27] Takase H. Metabolism of diacylglycerol in humans [J]. Asia Pacific Journal of Clinical Nutrition, 2007, 16: 398-403.

[28] 中国营养学会, 中国居民膳食营养素参考摄入量速查手册 (2013版) [M]. 北京: 中国标准出版社, 2014.

[29] Orban E, Nevigato T, Masci M, et al. Nutritional quality and safety of European perch (*Perca fluviatilis*) from three lakes of Central Italy [J]. Food Chemistry, 2007,

100 (2): 482–490.

[30] 吴洪号, 张慧, 贾佳等. 功能性多不饱和脂肪酸的生理功能及应用研究进展 [J]. 中国食品添加剂, 2021, 32 (8): 7.

[31] Yamamoto K, Asakawa H, Tokunaga K, et al. Effects of diacylglycerol administration on serum triacylglycerol in a patient homozygous for complete lipoprotein lipase deletion [J], Metabolism, 2005, 54 (1): 67–71.

[32] 俞碧君, 宋迎香, 秦华珍等. 超重与肥胖2型糖尿病患者的膳食能量摄入调查分析 [J]. 中华全科医学, 2021, 19 (10): 4.

[33] 刘夏炜, 王昆鹏, 袁超等. 功能性油脂在食品工业中的应用及展望 [J]. 食品安全导刊, 2022, (11): 3.

[34] 王大为, 任华华, 杨嘉丹等. 功能性油脂微胶囊的制备及其稳定性 [J]. 食品科学, 2018, 39 (6): 6.

[35] 李嗣煜, 李坤正. 颅脑创伤后进展性出血性损伤与创伤性凝血病的关系 [J]. 临床医学进展, 2022, 12 (4): 6.

[36] 王瑛瑶. 新型功能性油脂——结构脂质的研究现状 [J]. 食品研究与开发, 2008, 29 (4): 162–165.

[37] Mitsuhashi Y, Nagaoka D, Ishioka K, et al. Postprandial lipid-related metabolites are altered in dogs fed dietary diacylglycerol and low glycemic index starch during weight loss [J]. The Journal of Nutrition, 2010, 140 (10): 1815–1823.

[38] 乔国平, 王兴国. 功能性油脂-结构脂质 [J]. 粮食与油脂, 2002, (9): 33–36.

[39] Goñi F M, Alonso A. Structure and functional properties of diacylglycerols in membranes [J]. Progress in Lipid Research, 1999, 38 (1): 1–48.

[40] 吴琼, 邹险峰, 陈丽娜等. 脂肪酶催化大豆油合成甘油二酯 [J]. 吉林农业科学, 2012, 37 (6): 72–74.

[41] Lo S K, Tan C P, Long K, et al. Diacylglycerol oil—properties, processes and products: a review [J]. Food and Bioprocess Technology, 2008, 1 (3): 223–233.

[42] Saito S, Yamaguchi T, Shoji K, et al. Effect of low concentration of diacylglycerol on mildly postprandial hypertriglyceridemia [J]. Atherosclerosis, 2010, 213 (2): 539–544.

[43] Yasukawa T, Yasunaga K. Nutritional functions of dietary diacylglycerols [J]. Journal of Oleo Science, 2001, 50 (5): 427–432.

[44] Ijiri Y, Naemura A, Yamashita T, et al. Dietary diacylglycerol extenuates arterial thrombosis in apoE and LDLR deficient mice [J]. Thrombosis Research, 2006, 117 (4): 411–417.

[45] Lee Y Y, Tang T K, Phuah E T, et al. Production, safety, health effects and applications of diacylglycerol functional oil in food systems: a review [J]. Critical Reviews in Food Science and Nutrition, 2020, 60 (15): 2509–2525.

[46] 罗佳宪. 大豆油基甘油二酯食用油的应用与生理功能研究 [D]. 广州: 华南理工大学, 2020.

[47] 杨艳蝶. 酶法制备甘油二酯及其产物的分离纯化研究 [D]. 咸阳: 西北农林科技大学, 2015.

[48] Wang Y, Zhao M, Tang S, et al. Evaluation of the oxidative stability of diacylglycerol–enriched soybean oil and palm olein under rancimat–accelerated oxidation conditions [J]. Journal of the American Oil Chemists' Society, 2010, 87 (5): 483–491.

[49] Lee W J, Zhang Z, Lai O M, et al. Diacylglycerol in food industry: Synthesis methods, functionalities, health benefits, potential risks and drawbacks [J]. Trends in Food Science & Technology, 2020, 97: 114–125.

[50] Kara H H, Yasemin B. A review on: production, usage, health effect and analysis of mono–and diglycerides of fatty acids [J]. Helal ve Etik Araştırmalar Dergisi, 2019, 1 (1): 40–47.

[51] 高艺敏. 基于甘油二酯构建阿魏酸固体脂质纳米粒及其消化特性研究 [D]. 广州: 暨南大学, 2019.

[52] 杨佳. 基于甘油二酯的油包水乳液稳定性及结晶特性研究 [D]. 广州: 暨南大学, 2019.

[53] Pan X F, Wang L, Pan A. Epidemiology and determinants of obesity in China [J]. The lancet Diabetes & Endocrinology, 2021, 9 (6): 373–392.

[54] Hue J J, Lee K N, Jeong J H, et al. Anti–obesity activity of diglyceride containing

conjugated linoleic acid in C57BL/6J ob/ob mice [J]. Journal of Veterinary Science, 2009, 10 (3): 189–195.

[55] 郭婷婷. 酶法制备不同链长甘油二酯及其脂代谢功能的影响 [D]. 南昌: 南昌大学, 2019.

[56] 孟祥河, 毛忠贵, 高保军等. 甘油二酯的应用现状 [J]. 中国食品添加剂, 2002, (4): 4.

[57] 谢小冬. 无溶剂体系酶催化单甘酯与中链脂肪酸甘油三酯酯交换制备甘油二酯及其性质表征 [D]. 广州: 暨南大学.

[58] 刘楠. 固定化脂肪酶PCL的制备及其催化合成α–亚麻酸甘油二酯的应用研究 [D]. 广州: 华南理工大学, 2018.

[59] 杨雪. 基于甘油二酯塑性脂肪的结晶特性与相容性研究 [D]. 广州: 暨南大学, 2016.

[60] 雷梦婷. 基于甘油二酯的非水相泡沫性质研究 [D]. 广州: 暨南大学, 2020.

[61] Ferreira G F, Pessoa J G B, Pinto L F R, et al. Mono–and diglyceride production from microalgae: Challenges and prospects of high–value emulsifiers [J]. Trends in Food Science & Technology, 2021, 118: 589–600.

[62] 张明. 酶促米糠脂解制备甘二酯油脂及精炼工艺的影响 [D]. 郑州: 河南工业大学, 2011.

[63] 李国明, 刘凌, 龚树立等. 功能性植物油脂的主要生理活性及应用 [J]. 中国食品添加剂, 2013, (2): 175–180.

[64] 朱振雷, 操丽丽, 姜绍通等. 分子蒸馏技术纯化甘油二酯工艺优化及产品分析 [J]. 食品科学, 2014, (20): 43–47.

[65] 杨雪, 张宁, 滕英来等. 甘油二酯的分离与检测技术研究进展 [C]. “食品工业新技术与新进展” 学术研讨会暨 2014 年广东省食品学会年会论文集, 2014.

[66] Li G, Chen J, Yang J, et al. Interfacial crystallization of diacylglycerols rich in medium–and long–Chain fatty acids in water–in–Oil emulsions [J]. European Journal of Lipid Science and Technology, 2020, 122 (8): 2000013.

[67] Yang J, Qiu C, Li G, et al. Effect of diacylglycerol interfacial crystallization on the physical stability of water–in–oil emulsions [J]. Food Chemistry, 2020, 327: 127014.

[68] Li G, Lee W J, Liu N, et al. Stabilization mechanism of water–in–oil emulsions by

medium-and long-chain diacylglycerol: Post-crystallization vs. pre-crystallization [J]. LWT, 2021, 146: 111649.

[69] Saremnejad F, Mohebbi M, Koocheki A. Practical application of nonaqueous foam in the preparation of a novel aerated reduced-fat sauce [J]. Food and Bioproducts Processing, 2020, 119: 216-225.

[70] Lei M, Zhang N, Lee W J, et al. Non-aqueous foams formed by whipping diacylglycerol stabilized oleogel [J]. Food Chemistry, 2020, 312: 126047.

[71] 程波, 王春明, 宋延玲等. 1, 3-甘油二酯研究进展 [J]. 安徽农业科学, 2010, (8): 3891-3893.

[72] 王少林. 高纯度月桂酸系列甘油二酯的合成、表征与应用 [D]. 广州: 暨南大学, 2021.

[73] 汪勇, 赵谋明, 王兴国等. 甘油二酯在食品中应用的研究进展 [C]. 中国粮油学会油脂分会第十八届学术年会暨产品展示会, 2009.

[74] 张思源, 杨菁, 李妙莲等. 甘油二酯油的分析及其在面包中的应用初探 [J]. 中国食品添加剂, 2017, (5): 6.

[75] Fujisawa S, Tanaka J, Nomura M. Estrogen attenuates the drinking response induced by activation of angiotensinergic pathways from the lateral hypothalamic area to the subfornical organ in female rats [J]. Behavioural Brain Research, 2001, 122 (1): 33-41.

[76] Hagiri H, Hirosue Y, Sakurama Y, et al. Oil or fat composition [P]. 多国专利: WO2012008300A1, 2011. 06. 28.

[77] 盛国华. 二酰基甘油酯降胆固醇效果获确认, 花王开发“保健生态烹调油”[J]. 食品信息与技术, 2004, (10): 1.

[78] 杨洵, 王宝维, 凡文磊等. 鸭油甘油二酯食用理化性质分析及油炸牛肉烹调特性评价 [J]. 食品科技, 2022, 47 (1): 7.

[79] Ng S P, Lai O M, Abas F, et al. Stability of a concentrated oil-in-water emulsion model prepared using palm olein-based diacylglycerol/virgin coconut oil blends: Effects of the rheological properties, droplet size distribution and microstructure [J]. Food Research International, 2014, 64: 919-930.

[80] Shigeru K, Yoshihiro K. Acid oil-in-water emulsified composition [P]. 美国: US10459512, 2006. 05. 09.

[81] Shiiba D, Asabu Y, Kawai S, et al. Acidic oil-in-water type emulsion composition [P]. 多国专利: WO2005055579A1, 2005.06.16.

[82] Phuah E T, Beh B K, Lim S Y, et al. Rheological properties, textural properties, and storage stability of palm kernel-based diacylglycerol-enriched mayonnaise [J]. European Journal of Lipid Science and Technology, 2016, 118 (2): 185-194.

[83] Wang Y L, Geng Z C, Wang Q, et al. Influence of biochar on greenhouse gases emissions and physico-chemical properties of loess soil [J]. Environmental Science, 2016, 37 (9): 3634-3641.

[84] Cropper S L, Kocaoglu-Vurma N A, Tharp B W, et al. Effects of locust bean gum and mono-and diglyceride concentrations on particle size and melting rates of ice cream [J]. Journal of Food Science, 2013, 78 (4-5-6): C811-C816.

[85] Cain F W, Struik H G A M n v d, Quinlan P T, et al. Ice-cream coating fats [P]. 美国: US20040156908A1, 2004. 08. 12.

[86] Cheong L Z, Tan C P, Long K, et al. Physicochemical, textural and viscoelastic properties of palm diacylglycerol bakery shortening during storage [J]. Journal of the Science of Food and Agriculture, 2010, 90 (13): 2310-2317.

[87] Saberi A H, Ming L O, Miskandar M S. Physical properties of palm-based diacylglycerol and palm-based oils in the preparation of shelf-stable margarine [J]. European Journal of Lipid Science & Technology, 2011, 113 (5): 627-636.

[88] Saberi A H, Lai O M, Miskandar M S. Melting and solidification properties of palm-based diacylglycerol, palm kernel olein, and sunflower oil in the preparation of palm-based diacylglycerol-enriched soft tub margarine [J]. Food & Bioprocess Technology, 2012, 5 (5): 1674-1685.

[89] Nishiwaki M, Hosoai H, Ikewaki K, et al. Efficacy and effects on lipid metabolism of combination treatment with losartan+hydrochlorothiazide versus losartan+amlodipine: A 48-week prospective, multicenter, randomized, open-label

trial [J]. Clinical Therapeutics, 2013, 35 (4): 461–473.
[90] 郭雅佳, 刘尊, 宋佳等. 乳化剂对富含甘油二酯的人造奶油乳化体系结晶行为的影响 [J]. 中国油脂, 2017, 42 (9): 6.
[91] 刘蔓蔓, 刘芳, Tek-kim等. 甘油二酯和葵花籽油混合物结晶性质研究 [J]. 广东农业科学, 2016, 43 (4): 49–56.
[92] Latip R A, Lee Y Y, Tang T K, et al. Physicochemical properties and crystallisation behaviour of bakery shortening produced from stearin fraction of palm-based diacyglycerol blended with various vegetable oils [J]. Food Chemistry, 2013, 141 (4): 3938–3946.
[93] Doucet J. Shortening system, products therewith, and methods for making and using the same [P]. 美国: US5972389A, 1999. 10. 26.
[94] 徐亚元. 棕榈油基甘油二酯的性质研究及其塑性脂肪贮藏稳定性的评价 [D]. 无锡: 江南大学, 2017.
[95] Cheong L Z, Tan C P, Long K, et al. Baking performance of palm diacylglycerol bakery fats and sensory evaluation of baked products, European Journal of Lipid Science & Technology, 2011, 113 (2): 253–261.
[96] Saillard M, Margarines and spreads [C]. Cahiers De Nutrition Et De Diététique, 2010, 45 (5): 274–280.
[97] [加拿大] F. Shahidi. 贝雷: 油脂化学与工艺学 (第六版) [M]. 王兴国, 金青哲主译. 北京: 中国轻工业出版社, 2016.
[98] Haugaard V K, Udsen A M, Mortensen G, et al. Potential food applications of biobased materials. An EU-concerted action project [J]. Starch-Strke, 2001, 53 (5): 189–200.
[99] Miklos R, Xu X, Lametsch R. Application of pork fat diacylglycerols in meat emulsions [J]. Meat Science, 2011, 87 (3): 202–205.
[100] Diao X, Guan H, Zhao X, et al. Properties and oxidative stability of emulsions prepared with myofibrillar protein and lard diacylglycerols [J]. Meat Science, 2016, 115: 16–23.

[101] 汪慧超. 乳清蛋白—甘油二酯乳液的制备、表征及降脂功能研究 [D]. 合肥: 安徽农业大学, 2018.

[102] Butterbaugh J L, Sargent J A. Emulsifier blend and process for making rapidly soluble instant beverage products [P]. 美国: US20020010109A1, 2002. 01. 24.

[103] Baughn M R, Ding L, Elliott V S, et al. Intracellular signaling molecules [P]. 多国专利: WO200203557A2, 2002. 04. 18.

[104] 贺可琳, 王宝维, 葛文华等. 鸭油甘油二酯对脱脂奶粉的稳定性研究 [J]. 中国食品添加剂, 2016, (8): 9.

[105] 张秀秀, 李少华, 薛秀恒等. 葵花籽油甘油二酯的制备及其在发酵乳应用中的特性研究 [J]. 中国油脂, 2020, 45 (7): 6.

[106] Saito S, Mori A, Osaki N, et al. Diacylglycerol enhances the effects of alpha-linolenic acid against visceral fat: A double-blind randomized controlled trial [J]. Obesity, 2017, 25 (10): 1667-1675.

[107] Yasukawa T, Yasunaga K. Nutritional functions of dietary diacylglycerols [J]. Journal of Oleo Science, 2001, 50 (5): 427-432.

[108] 徐同成. 1, 3-甘油二酯对2型糖尿病的影响及选择性水解甘油三酯*sn*-2位酯键酶基因的克隆与表达 [D]. 杭州: 浙江大学, 2008.

[109] Nagao T. Dietary diacylglycerol suppresses accumulation of body fat compared to triacylglycerol in men in a double-blind controlled trial [J]. Journal of Nutrition, 2000, 130 (3): 792-797.

[110] Maki K C, Davidson M H, Tsushima R, et al. Consumption of diacylglycerol oil as part of a reduced-energy diet enhances loss of body weight and fat in comparison with consumption of a triacylglycerol control oil [J]. American Journal of Clinical Nutrition, 2002, 76 (6): 1230-1236.

[111] Meng X, Zou D, Shi Z, et al. Dietary diacylglycerol prevents high-fat diet-induced lipid accumulation in rat liver and abdominal adipose tissue [J]. Lipids, 2004, 39 (1): 37-41.

[112] Ando Y, Saito S, Yamanaka N, et al. Alpha linolenic acid-enriched diacylglycerol

consumption enhances dietary fat oxidation in healthy subjects: A randomized double-blind controlled trial [J]. Journal of Oleo Science, 2017, 66 (2): 181-185.

[113] Yamamoto K, Takeshita M, Tokimitsu I, et al. Diacylglycerol oil ingestion in type 2 diabetic patients with hypertriglyceridemia [J]. Nutrition, 2006, 22 (1): 23-29.

[114] Xu T, Li X, Ma X, et al. Effect of diacylglycerol on postprandial serum triacylglycerol concentration: A meta-analysis [J]. Lipids, 2009, 44 (2): 161-168.

[115] Saito S, Fukuhara I, Osaki N, et al. Consumption of alpha-Linolenic acid-enriched diacylglycerol reduces visceral fat area in overweight and obese subjects: A randomized, double-blind controlled, parallel-group designed Trial [J]. Journal of Oleo Science, 2016, 65 (7): 603-611.

[116] Nakajima K, Nakano T, Tokita Y, et al. Postprandial lipoprotein metabolism: VLDL vs chylomicrons [J]. Clinica Chimica Acta, 2011, 412 (15/16): 1306-1318.

[117] Murase T, Aoki M, Wakisaka T, et al. Anti-obesity effect of dietary diacylglycerol in C57BL/6J mice: dietary diacylglycerol stimulates intestinal lipid metabolism [J]. Journal of Lipid Research, 2002, 43 (8): 1312-1319.

[118] Prabhavathi Devi B L A, Gangadhar K N, Prasad R B N, et al. Nutritionally enriched 1, 3-diacylglycerol-rich oil: Low calorie fat with hypolipidemic effects in rats [J]. Food Chemistry, 2018, 248: 210-216.

[119] 姚武位, 陈庆伟, 柯大智. 高密度脂蛋白胆固醇和冠心病的相关性研究 [J]. 重庆医科大学学报, 2009, 34 (11): 4.

[120] Tada N, Watanabe H, Matsuo N, et al. Dynamics of postprandial remnant-like lipoprotein particles in serum after loading of diacylglycerols [J]. Clinica Chimica Acta, 2001, 311 (2): 109-117.

[121] Zheng J S, Wang L, Lin M, et al. BMI status influences the response of insulin sensitivity to diacylglycerol oil in chinese type 2 diabetic patients [J]. Asia Pac J Clin Nutr, 2015, 24 (1): 65-72.

[122] Shoji K, Mizuno T, Shiiba D, et al. Effects of a meal rich in 1, 3-diacylglycerol on postprandial cardiovascular risk factors and the glucose-dependent insulinotropic

polypeptide in subjects with high fasting triacylglycerol concentrations [J]. J Agric Food Chem, 2012, 60 (10): 2490–2496.

[123] Li D, Xu T, Takase H, et al. Diacylglycerol–induced improvement of whole–body insulin sensitivity in type 2 diabetes mellitus: A long–term randomized, double–blind controlled study [J]. Clinical Nutrition, 2008, 27 (2): 203–211.

[124] Wang Y F, Lee G L, Huang Y H, et al. *sn*–1, 2–diacylglycerols protect against lethal endotoxemia by controlling systemic inflammation [J]. Immunobiology, 2016, 221 (11): 1309–1318.

[125] Han S C. The effects of diacylglycerol oil on bone metabolism of C57BL/6J mice [D]. 首尔: 延世大学, 2011.

[126] Yamamoto K, Tomonobu K, Asakawa H, et al. Diet therapy with diacylglycerol oil delays the progression of renal failure in type 2 diabetic patients with nephropathy [J]. Diabetes Care, 2006, 29 (2): 417.

[127] Yanagisawa Y, Kawabata T, Tanaka O, et al. Improvement in blood lipid levels by dietary *sn*–1, 3–diacylglycerol in young women with variants of lipid transporters 54T–FABP2 and –493g–MTP [J]. Biochemical & Biophysical Research Communications, 2003, 302 (4): 743–750.

[128] 钱风华. 1, 3–甘油二酯的功效评价及其微胶囊的制备研究 [D]. 泰安: 山东农业大学, 2021.

[129] Matsushita Y, Nakagawa T, Yamamoto S, et al. Associations of visceral and subcutaneous fat areas with the prevalence of metabolic risk factor clustering in 6, 292 japanese individuals: The Hitachi Health Study [J]. Diabetes Care, 2010, 33 (9): 2117–2119.

[130] Hayashi K, Okumura K, Matsui H, et al. Involvement of 1, 2–diacylglycerol in improvement of heart function by etomoxir in diabetic rats [J]. Life Sciences, 2001, 68 (13): 1515–1526.

[131] Takase H, Shoji K, Hase T, et al. Effect of diacylglycerol on postprandial lipid metabolism in non–diabetic subjects with and without insulin resistance [J].

Atherosclerosis, 2005, 180 (1): 197–204.

[132] Tada N, Shoji K, Takeshita M, et al. Effects of diacylglycerol ingestion on postprandial hyperlipidemia in diabetes [J]. Clinica Chimica Acta, 2005, 353 (1–2): 87–94.

[133] Yamamoto K, Asakawa H, Tokunaga K, et al. Long-term ingestion of dietary diacylglycerol lowers serum triacylglycerol in type II diabetic patients with hypertriglyceridemia [J]. The Journal of Nutrition, 2001, 131 (12): 3204–3207.

[134] Kolovou G D, Daskalova D C, Iraklianou S A, et al. Postprandial lipemia in hypertension [J]. Journal of the American College of Nutrition, 2003, 22 (1): 80–87.